AI工程师书库

智能家居移动终端软件设计

杨树林　著

電子工業出版社

Publishing House of Electronics Industry

北京 • BEIJING

内 容 简 介

本书共5章，内容包括智能家居概述、移动终端软件的总体设计、网络通信与安全、语音通信设计、分包安装及跨包访问等。全书通过实际案例的设计，分别介绍了基于Android的智能家居移动终端软件实现的核心技术，演示了构建一个安全可靠、稳定高效、易于扩展的应用系统的方法。

本书内容丰富、实例典型，适合作为相关研究人员的参考书，也适合作为软件开发人员及其他有关人员的技术参考书。

图书在版编目（CIP）数据

智能家居移动终端软件设计/杨树林著. —北京：电子工业出版社，2021.1
（AI工程师书库）
ISBN 978-7-121-40348-4

Ⅰ. ①智… Ⅱ. ①杨… Ⅲ. ①住宅－智能化建筑－软件工具－程序设计 Ⅳ. ①TU241 ②TP311.561

中国版本图书馆CIP数据核字（2020）第269487号

责任编辑：徐蕾薇　　特约编辑：张燕虹
印　　刷：三河市鑫金马印装有限公司
装　　订：三河市鑫金马印装有限公司
出版发行：电子工业出版社
　　　　　北京市海淀区万寿路173信箱　　邮编：100036
开　　本：720×1000　1/16　印张：13　字数：249千字
版　　次：2021年1月第1版
印　　次：2021年1月第1次印刷
定　　价：78.00元

凡所购买电子工业出版社图书有缺损问题，请向购买书店调换。若书店售缺，请与本社发行部联系，联系及邮购电话：（010）88254888，88258888。

质量投诉请发邮件至zlts@phei.com.cn，盗版侵权举报请发邮件至dbqq@phei.com.cn。

本书咨询联系方式：xuqw@phei.com.cn。

前　言

随着国民经济水平的迅速提高，特别是现代科学技术的迅猛发展，高科技产品改变了人们的生活习惯，提高了人们的生活质量，促进了家庭生活的现代化、居住环境的舒适化和安全化，人们对个性化智能家居的需求逐渐增大。我国智能家居的建设发展速度很快，已建立起一些具有一定智能化管理功能的住宅。智能家居与时俱进，将移动终端作为智能家居系统的控制终端，顺应潮流。这些流行终端产品的使用者可以在回家前提前打开房间内的空调，让舒适的室内温度迎接他；同时，还可以预热电热水器，一到家就可以立即洗去一天的疲惫；还可以提前给等在门口的朋友开门、提前打开家里的电灯、远程浇花……现实生活中很多需要远程控制的事情都可以通过智能家居系统完成。智能家居产品给许多高端客户的第一印象是便捷，通过一个移动终端便可随时掌握、控制家里的所有常用家电产品，包括灯、窗帘、空调、地暖、新风等，甚至还可以查看天气预报、室内温湿度等。随着各种基于 3G 和 WiFi 功能的智能产品逐步应用于人们的生活中，方便直观触摸操作的移动触摸智能控制终端（如 iPhone、iPad 等）必将成为智能家居未来的发展趋势。

以 Android 为平台的移动终端产品作为智能家居系统的控制终端，成本相对较低，也是国外商家的主要选择。移动终端控制系统软件设计既涉及理论，也涉及具体技术，软件的开发有很多独特的内容，将这方面的研究成果总结出来，对于移动终端的开发和应用将起到推动作用。本书共 5 章，内容包括智能家居概述、移动终端软件的总体设计、网络通信与安全、语音通信设计、分包安装及跨包访问等。本书的主要特点如下。

- ❑ 根据市场需求精心选取内容，合理组织内容结构。
- ❑ 注意新方法、新技术的引用，突出实用性。
- ❑ 注重方案的选择和设计。

通过对本书的系统学习，可以让读者将智能移动终端的理念快速应用于生产实践，为开发团队和企业提供坚不可摧的竞争力。

由于时间仓促，作者水平有限，书中难免存在疏漏和不足，恳请读者批评指正，使本书得以改进和完善。

作　者

2020 年 8 月于北京

目　录

第 1 章
Chapter 1
智能家居概述

随着家居数字化、建筑智能化及其相关技术的发展，智能家居正逐渐改变人们的生活方式和工作方式，智能化家居将逐步走入人们的生活。

1.1 智能家居及其发展

1.1.1 智能家居的概念

智能家居又称智能住宅，在国外常用 Smart Home 表示。与智能家居含义近似的有家庭自动化（Home Automation）、电子家庭（Electronic Home、E-home）、数字家园（Digital Family）、家庭网络（Home Net/Networks for Home）、网络家居（Network Home）、智能家庭/建筑（Intelligent Home/Building），在我国香港和台湾等地区还叫作数码家庭、数码家居等。

智能家居以住宅为平台，利用综合布线技术、网络通信技术、安全防范技术、自动控制技术、音视频技术将与家居生活有关的设施集成，构建高效的住宅设施与家庭日程事务的管理系统，提升家居安全性、便利性、舒适性、艺术性，并实现环保节能的居住环境。

智能家居是一个居住环境，是以住宅为平台安装智能家居系统的居住环境。实现智能家居系统的过程称为智能家居集成。

由于智能家居采用的技术标准与协议的不同，所以大多数智能家居系统都采用综合布线方式，但少数系统（如电力线载波）可能不采用综合布线技术。不论是哪一种情况，都一定有对应的网络通信技术来完成所需的信号传输任务。因此，网络通信技术是智能家居集成中的关键技术之一。安全防范技术是智能家居系统中必不可少的技术，在小区及户内可视对讲、家庭监控、家庭防盗报警、与家庭有关的小区一卡通等领域都有广泛应用。自动控制技术也是智能家居系统中必不可少的技术，广泛应用在智能家居控制中心、家居设备自动控制模块中，对于家庭能源的科学管理、家庭设备的日程管理都有十分重要的作用。音视频技术是实现家庭环境舒适性、艺术性的重要技术，体现在音视频集中分配、背景音乐、家庭影院等方面。

智能家居系统包含的主要子系统有家居布线系统、家居网络系统、中央控制管理系统、家居照明控制系统、家居安防系统、背景音乐系统、家庭影院与多媒体系统、家居环境控制系统等。其中，中央控制管理系统、家居照明控制系统、家居安防系统是必备系统，家居布线系统、家居网络系统、背景音乐系统、家庭影院与多媒体系统、家居环境控制系统为可选系统。

1.1.2　国外智能家居的发展概况

智能家居始于 1984 年在美国出现的第一座智能建筑，该建筑采用计算机技术对建筑内的电梯、照明、空调等设备进行监控，并可以提供电邮、语音等服务。之后，加拿大、欧洲、澳大利亚和东南亚等经济比较发达的国家先后开始开发智能建筑和智能家居产品，使世界其他国家的众多企业参与竞争智能家居这个市场。

随后，美国、日本等经济比较发达地区的相关公司相继组成联盟并提出了智能家居的各种方案。2001 年，作为控制处理核心的网关技术首次被 IBM 公司应用于智能家居系统的设计中，用户可以通过宽带网络实现居住环境的实时监控，该技术可以将宽带接入家庭，使电灯、仪表、空调、娱乐系统等的远程管理成为可能。2003 年，三星公司通过机顶盒和网络推出了一款全新的智能家居控制系统，将家居自动化、安防、信息家电及信息中心连在一起，形成一个全面、面向宽带互联网的家居控制网络。2004 年，三星公司在韩国大邱市安装了“Homerita”家庭网络系统，把信息家电、电度表、照明能源、安全报警等设备相连实现了家庭资源的共享和管理，拉开了数字家庭生活的序幕。

随着新技术的不断出现，智能家居的发展速度也变得越来越快，开发者们尝试着各种不同的新技术，力求能够找到更为高效的开发技术和开发方式。在无线控制方面，韩国设计的一个基于 ZigBee 的智能家居系统，通过 ZigBee 作为网络通信协议，实现各个模块之间的数据通信，使智能家居系统的各个部分之间的通信变得更加灵活。美国得克萨斯大学设计了一款 MavHome 智能家居系统，该系统能够推理、学习用户的运动模式和设备的使用情况，最大化用户的居住舒适度。该系统运行成本低，实现了低碳节能运行。美国的 ControW 智能家居系统可以提供多元化的控制功能，实现对家中设备的集中控制和管理。它应用 ZigBee 工业自动化无线传输和自组网技术，使系统安装简单且易于扩展；将家庭娱乐和自动化融合一体，使家庭智能化更加轻松有趣。美国 Honeywell 公司推出的单户型物联网智能家居系统实现了事件提醒、灯光控制、电动窗帘控制等多种功能，用户可以按照自己的意愿配置智慧家居的功能，可以通过电话、互联网、手机等随时随地地对智能家居设备进行设置和控制，这是安心、便利、节能的高品质生活的新型智能家居解决方案。

随着智能手机的日益普及，智能移动设备作为智能家居的控制终端将成为智能家居系统的发展方向，智能移动设备能给用户带来便利且良好的人机操作界面，真正将智能家居打造成“以人为本”的现代化家居环境。2011 年，Google 推出了 Android@Home 智能家居控制方案，此方案利用 Android 智能终端与中央控制器进行通信，中央控制器通过将 2.4GHz 转为 900MHz 的转换器把控制命令发送给相关装置，实现了对灯、饮水机等设备的控制，可以播放无线立体声系统音响，甚至可以分析身体上燃烧的卡路里等。Android@home 计划的提出掀起了研发智能家居控制系统的新一轮热潮。美国科玛-智能家居研发的智能终端控制软件可以方便地安装在 Android 手机中，将手机连接家中的 Comucopia 主机，可通过 Z-wave 无线设备对家居设备进行控制，并可以通过手机监控家中状况。

1.1.3 国内智能家居的发展概况

智能家居在中国的发展经历了四个阶段。

（1）第一阶段（1994—1999 年）是概念阶段。该阶段是一个对智能家居这个概念熟悉的阶段，全国各大媒体都在宣传这个概念，并开始被中国的家庭用户接受。在第一阶段，只有深圳的一两家代理销售美国 X-10 智能家居的公司从事进口零售业务。国内只有销售智能家居产品而不进行研发工作的几家门店，没有专业的智能家居生产厂商。当时，国内很少有人能够买得起整套智能家居的电器产品，其普及度相当低。另外，在房产销售过程中，室内家用电器的智能化越来越受到广大国内买房人的青睐。

（2）第二阶段（2000—2005 年）是开创阶段。在该阶段，国内先后成立了 50 多家智能家居研发生产企业，主要集中在深圳、上海、天津、北京、杭州、厦门等发达城市。利用当时先进的物联网技术，第一代自主研发的智能家居产品诞生了。不过，智能家居的软件和硬件的研发都有难度，需要一定的开发周期。因此，该阶段是企业发展和研发的关键阶段，也是智能家居推广的关键阶段。

（3）第三个阶段（2006—2010 年）是徘徊阶段。因为中小型企业过多且鱼龙混杂，它们之间出现了非良性竞争，有些智能家居企业过分夸大自己的产品功能且产品的稳定性不好，导致高用户投诉率，使智能家居市场出现混乱的景象，一些企业退出市场。这时，国外智能家居品牌乘机进入中国市场，如罗格朗、霍尼韦尔、施耐德、Control4 等。之后，在中国存活下来的合资企业也逐渐找到自己的发展方向，如天津瑞朗、青岛爱尔豪斯等，深圳索科特做了空调远程控制，成为工业智控的厂家。

（4）第四阶段（2011 年至今）是融合演变阶段。自 2011 年以来，随着互联网技术的大范围应用，居民家庭对智能化设备的需求扩大，同时受到房地产行业调控的影响，行业进入了融合演变期，行业并购现象增多。各大厂商已开始密集布局智能家居，尽管从产业来看，业内还没有特别成功的案例显现，这预示着行业发展仍处于探索阶段，但越来越多的厂商开始介入和参与已使外界意识到，家居智能化已是不可逆转的趋势。

由于智能家居行业的自身潜力，很多硬件企业、房地产企业、互联网企业等纷纷抢占中国市场，其中最著名的国外企业有微软、苹果、三星等，国内企业有小米、物联、华为等。在这些企业的竞争与发展下，智能家居前景一片大好。同时，移动通信行业的发展也为这一行业提供了强有力的支持，包括 5G、蓝牙、下一代 WiFi 标准等。

在互联网、物联网、AI、云计算、大数据等技术的快速发展驱动下，中国家电产业升级的新时代已经到来。据中国电子技术标准化研究院电子设备与系统研究中心所述，中国智能家居市场规模正以每年 20%～30%速度增长，智能家居产业发展空间巨大。中国智能家居市场规模大且增长迅速。据 iiMedia Research（艾媒咨询）发布的《2020 中国智能硬件行业发展全景研究报告》数据显示，2019 年，中国智能家居市场规模已达 1530 亿元，增长率为 26.4%。尽管 2020 年的“新冠肺炎疫情”使整体市场增幅受到一定影响，但增长基本面并未改变，市场规模预测将达 1705 亿元。

1.2　智能家居的主流技术概述

智能家居领域的多样性和个性化的特点导致了技术路线、标准众多，没有统一通行技术标准体系。目前，智能家居的三大主流技术主要有总线技术、无线通信技术和电力线载波通信技术，这三大主流技术让我们日常的家居产品变得更加智能化。

1.2.1　总线技术

总线技术的主要特点是，所有设备通信与控制都基于一条总线。总线技术是一种全分布式智能控制网络技术，其产品模块具有双向通信能力，以及互操作性和互换性，对其控制部件都可以编程。典型的总线技术采用双绞线总线结构，各网络节点可以从总线上获得供电，也通过同一总线实现节点间无极性、无拓扑逻辑限制的互连和通信。总线技术类产品比较适合于楼宇智能化及小区智能化等大区域范围的控制，其优势在于技术成熟、系统稳定、可靠性高，应用也比较广泛；但一般设置安装比较复杂，造价较高，工期较长，只适用于新装修用户。市场上比较有影响力的总线技术包括 RS485、KNX、LonWorks、CAN、C-BUS、SCS-BUS、ModBus 等。

1．RS485 总线

RS485 总线由于其布线简单、稳定可靠，从而广泛地应用于视频监控、门禁对讲、楼宇报警、楼宇智能控制等各领域。

RS485 总线一般采用半双工工作方式，在任何时候只能有一点处于发送状态。因此，发送电路须由使能信号加以控制。RS485 总线用于多点互连时非常方便，可以省掉许多信号线。应用 RS485 总线可以联网构成分布式系统，允许最多并联 32 台驱动器和 32 台接收器。

从智能照明发展的轨迹看，最早的产品一般采用 RS485 总线技术，这是一种串行的通信标准。因为只是规定物理层的电气连接规范，每家公司自行定义产品的通信协议，所以 RS485 总线的产品很多，但相互都不能直接通信。RS485 总线一般需要一个主接点，通信的方式采用轮询方式，模块之间采用“手拉手”的接线方式，因此存在通信速率不高（一般为 9.6kbit/s）、模块的数量有限等问题。

2. KNX 总线

KNX 是 Konnex 的缩写。1999 年 5 月，欧洲三大总线协议 EIB、BatiBus 和 EHSA 合并成立了 Konnex 协会，提出了 KNX 协议。该协议以 EIB 为基础，兼顾了 BatiBus 和 EHSA 的物理层规范，并吸收了 BatiBus 和 EHSA 中配置模式等优点，提供了家庭、楼宇自动化的完整解决方案。KNX 于 1999 年引入中国，在欧洲成功使用了近 20 年，其特点是：产品成熟、功能组态结构灵活、能实现多种功能内容的控制等。

KNX 是唯一全球性的住宅和楼宇控制标准。在 KNX 系统中，总线接法是区域总线下接主干线，主干线下接总线，系统允许有 15 个区域，即有 15 条区域总线，每条区域总线或者主干线允许连接多达 15 条总线，而每条总线最多允许连接 64 台设备，这主要取决于电源供应和设备功耗。每条区域总线、主干线或总线，都需要由一个变压器供电，每条总线之间通过隔离器来区分。在整个系统中，所有的传感器都通过数据线与制动器连接，制动器通过控制电源电路来控制电器。所有器件都通过同一条总线进行数据通信，传感器发送命令数据，相应地址上的制动器执行相应的功能。

此外，整个系统还可以通过预先设置控制参数来实现相应的系统功能，如组命令、逻辑顺序、控制的调节任务等。同时，所有的信号在总线上都以串行异步传输的形式进行传播，也就是说在任何时候，所有的总线设备总是同时接收到总线上的信息，只要总线上不再传输信息，总线设备即可独立决定将报文发送到总线上。KNX 有三种结构：线状、树状和星状。

KNX 既能用于最新的楼宇，也能用于现有的楼宇，并且能用于住宅和楼宇控制中所有可能的功能/应用，包括照明、多种安全系统的关闭控制、加热、通风、空调、监控、报警、用水控制、能源管理、测量，以及家居用具、音响及其他众多领域。除此以外，KNX 更舒适、更安全，并且为节约能源和气候保护做出了重大贡献，但 KNX 总线的成本较高。值得一提的是，KNX 技术于 2007 年被批准为中国标准 GB/Z 20965。

3. LonWorks 总线

LonWorks 总线由美国 Echelon 公司推出，并由 Motorola、Toshiba 公司共同倡导。它采用 ISO/OSI 模型的全部 7 层通信协议，采用面向对象的设计方法，通过网络变量把网络通信设计简化为参数设置；支持双绞线、同轴电缆、光缆和红外线等多种通信介质，通信速率从 300bit/s 至 1.5Mbit/s 不等，直接通信距离可达 2700m（78kbit/s）。

LonWorks 总线技术采用的 LonTalk 协议被封装到 Neuron 神经元的芯片中，并得以实现。在智能家居领域中，其最大特点是不像其他智能家居总线系统必须有一个类似大脑的主机。LonWorks 总线技术不需要主机，它采用的是神经元网络。每个节点都是一个神经元，这些神经元连接到一起时就能协同工作，并不需要另外一个大脑来控制，因此安全性和稳定性较其他总线大大提高。LonWorks 总线的实时性、处理大量数据的能力有些欠缺；另外，因为 LonWorks 总线依赖于 Echelon 公司的 Neuron 芯片，所以其完全开放性也受到一些质疑。

4. CAN 总线

CAN（Controller Area Network）总线是由德国 BOSCH 公司发明的一种

基于消息广播模式的串行通信总线的通信协议，它最初用于实现汽车内 ECU（Electronic Control Unit，电子控制单元）之间的可靠通信，由于其高性能、高可靠性、实时性等优点已被广泛应用于智能家居系统中。1993 年 11 月，ISO 正式颁布了控制器局域网 CAN 国际标准，为控制器局域网标准化、规范化推广铺平了道路。CAN 总线协议的最大特点是废除了传统的站地址编码，取而代之的是对通信数据块进行编码。

采用这种方法的优点：可使网络内的节点个数在理论上不受限制，数据块的标识码可由 11 位或 29 位二进制数组成，因此可以定义 2 个或 2 个以上不同的数据块。这种对数据块进行编码的方式还可使不同的节点同时接收到相同的数据，这在分布式控制系统中非常有用。

数据段长度最多为 8 字节，可满足通常工业领域中的控制命令、工作状态及测试数据的一般要求。同时，8 字节不会占用总线时间过长，从而保证了通信的实时性。

CAN 总线协议采用 CRC 检验并可提供相应的错误处理功能，保证了数据通信的可靠性，CAN 总线的卓越特性、极高可靠性和独特设计已越来越受到各界的重视，并被公认为最有前途的总线之一。CAN 总线与 RS485 总线具有相同的缺陷，不能连接树状总线，信号线要像有线电视一样连接，它常常作为大系统的分支连线。

5. C-BUS 总线

C-BUS 控制系统由澳大利亚奇胜公司开发。C-BUS 控制系统是一种以非屏蔽双绞线作为总线载体，广泛应用于建筑物内照明、空调、火灾探测、出入口、安防等系统的综合控制与综合能量管理的智能化控制系统。C-BUS 控制系统的核心是主控制器和总线连接器，主控制器存储控制程序、实现模块间总线通信及与编程计算机间的通信，通过控制总线采集各输入单元信息、根据预先编制的程序控制所有输出模块；其 RS-232 标准接口用于与编程计算机的连接，在计算机上通过专用软件进行编程、监控，当完成编程并下载至主控制器后，计算机仅作为监视，即 C-BUS 控制系统的运行完全不需要计算机的干预。

C-BUS 控制系统以人居环境为主要服务对象，提供了多种接收外部指令的途径，如控制按键、光传感器、被动型红外探测器、定时单元等。实际上，C-BUS 控制系统就是一个典型的基于计算机总线控制技术面向智能建筑需求的系统化控制产品，模块的任意搭配使系统设计十分灵活便利。家居用 C-BUS 控制系统的控制按键有一键、二键、四键三种产品，安装方式与常用暗装灯开关相同，可以对每个键进行编程控制一路或多路负载，对于重要场所可采用多按键实现灯光场景控制，以适应不同工作对灯光系统的不同要求。

C-BUS 控制系统是一个十分灵活的柔性控制系统，这是因为所有的输入和输出元件自带微处理器且通过总线互连，外部事件信息来自输入元件，通过总线到达相应的输出元件并按预先编好的程序控制所连接的负载。对每个元件都可以按照需求进行编程以适应任何使用场合，其灵活的编程可在不改变任何硬件连线的情况下非常方便地调整控制程序。作为系统的管理者，最好能掌握编程技能，以便及时适应使用需求的变化。

6．SCS-BUS 总线

SCS-BUS 是结构化布线/总线系统，是 BTICINO 公司独创的自主的双总线系统，其性能稳定、响应速度快，能满足各种智能家居功能需求，功能也是此行业最齐全的，是一个在欧洲占主导地位的楼宇自动化（BA）和家庭自动化（HA）标准。

SCS-BUS 通信协议遵循 OSI（开放式系统互连）参考模型，提供 OSI 参考模型所定义的全部 7 层服务，这是其先进性之一。物理层和链路层明显依赖于物理介质的特性，SCS-BUS 通过优化防冲突规定了带有冲突检测的载波侦听多路存取（CSMA）以控制媒质接口；网络层通过网络协议控制信息（NPCI）控制跳跃数；传输层的逻辑通信关系包括一对多无连接即多终点组传输、一对所有无连接即广播、一对一无连接、一对一导向连接，传输层提供了地址与抽象内部表达之间的映射通信访问标识等；通过预留的会话层和表示层，所有设备被明显地映射出来；应用层执行 SCS-BUS 网络用户/服务器管理的 API（应用程序接口）功能，应用层对通信对象组内部请求或共享变量分配通信访问标识符，以完成收（一对多）和发（一对一）功能。

SCS-BUS 通信协议支持通信介质分段组合的网络，包括双绞线、输电线、无线频率传输。SCS-BUS 双绞线自由拓扑结构成本较低，控制逻辑 0 的位级别冲突检测提高传输的可靠性，每个双粗绞线物理段可长达 2000m；SCS 输电线运用新型扩展频率调制技术，通过相应数量的匹配筛选，保证输电线组地址传输的完整性和可靠性。

7. ModBus 总线

ModBus 是一种串行通信协议，是由 Modicon 公司（现在的施耐德电气 SchneiderElectric 公司）于 1979 年为使用可编程逻辑控制器（PLC）通信而发布的，是全球第一个真正用于工业现场的总线协议。为更好地普及和推动 ModBus 协议基于以太网的分布式应用，施耐德电气公司已将 ModBus 协议的所有权移交给 IDA（Interface for Distributed Automation，分布式自动化接口）组织，并成立了 ModBus-IDA 组织，为 ModBus 协议今后的发展奠定了基础。

ModBus 协议是应用于电子控制器上的一种通用语言。通过该协议，控制器相互之间或经由网络如以太网和其他设备之间可以通信。该协议已经成为通用工业标准。有了它，不同厂商生产的控制设备可以连成工业网络，进行集中监控。该协议定义了一个控制器能识别使用的消息结构，而不管它们是经过何种网络进行通信。它描述了控制器请求访问其他设备的过程，如何回应来自其他设备的请求，以及怎样侦测错误并记录。它制定了消息域格局和内容的公共格式。在 ModBus 协议网络上通信时，此协议决定了每个控制器必须知道它们的设备地址，识别按地址发来的消息，决定要产生何种行动。如果需要回应，控制器将生成反馈信息并用 ModBus 协议发出。在其他网络上，包含了 ModBus 协议的消息转换为在此网络上使用的帧或包结构。这种转换也扩展了根据具体的网络解决节点地址、路由路径及错误检测的方法。

ModBus 协议具有标准性、开放性，用户可以免费且放心地使用该协议，不需要交付许可证费，也不会侵犯知识产权。目前，支持 ModBus 协议的厂家超过 400 家，支持 ModBus 协议的产品超过 600 种。ModBus 协议可以支持多种电气接口，如 RS-232、RS-485 等，还可以在各种介质上（如双绞线、光纤、无线等）传送。ModBus 协议的帧格式简单、紧凑、通俗易懂，用户使用容易，厂商开发简单。

1.2.2　电力线载波通信技术

电力线载波通信技术充分利用现有的电网，在电网两端加以调制解调器，直接以 50Hz 交流电为载波，再以数百 kHz 的脉冲为调制信号，进行信号的传输与控制。电力线载波技术的优势非常明显：成本低，有现成的电源线，一线两用，价格低廉，延伸方便，不需要重新架设网络，只要有电力线就能进行数据传递，即充分利用现有的电力网，便能简单地实现家居智能化的改造，只要有供电网络的环境就能使用。

在诸多的有线控制技术中，电力线载波技术应用较为广泛。电力线载波技术通过电力线将控制信号传输给各电气设备，使控制端和家用电器形成家居网络。电力线载波分为高压载波和低压载波。高压载波用于远程控制和调节；低压载波由于其传输距离相对较短，主要用于家居内。电力线载波技术利用电力线作为控制电器的传输介质，不用重新布线，降低了智能家居的成本，并方便更新和维护。

目前应用于电力线载波上的通信协议有 BACnet（Building Automation and Control Network，楼宇自动化和控制网络）、EBI（European Installing Bus，欧洲安装总线）、HBS（Home Bus System，家庭总线系统）、X-10 协议等。其中，X-10 协议的信号频率为 120kHz，比交流电信号频率要高得多，因此接收器很容易识别到。基于 X-10 协议的智能家居设计采用电力线载波通信技术，利用 220V 的电源线作为信号的传输介质。在智能家居中，X-10 协议也是比较主流的网络通信协议。相比无线射频、集中布线，X-10 电力线载波由于其发展时间长、用户数量多、升级方便、价格便宜等优点，在这三类智能家居技术中发展最成熟。

X-10 可以通过电力线实现设备之间的通信，并对设备传送控制命令。1976 年，英国 PicoElectronics 公司提出电力家居控制方案，并且该公司的工程师开发了 X-10 协议并获得专利。X-10 模组引入美国后不仅在技术上得到了较大的完善，而且开始应用于智能家居领域。此后，全球出现了大量智能家居生产厂家，各大电气公司如西门子、三星等也都投身于智能家居领域。

X-10 系统主要由两部分组成：发射器和接收器。控制信号由发射器通过电力线传送给接收器，由接收器对电气设备进行控制。X-10 的信号叠加在交流电力线的过零点上，由于脉冲信号越接近零点则干扰越小，所以将 120kHz 的编码信号加载到 60Hz 的电力线上，根据此时有无载波信号来表示传输数据的“0”和“1”。发射器和接收器同时检测电力线的过零点信号以确定数据应该何时传送，但 X-10 无法区分在过零点时是上升沿还是下降沿，因此在正弦波的零相位处有 120kHz 的脉冲群，而紧随这一脉冲群之后的 1800 相位处没有脉冲群则表示信号“1”。相反，在正弦波的零相位处无脉冲群，而紧随其后的 1800 相位处有脉冲群则表示信号“0”。为了使接收器得知何时开始接收发射器发出的数据，需要设定一个启动点，当接收器检测到该启动信号时就开始接收数据。在连续的3个过零点处都有脉冲群，而接下来的一个过零点没有脉冲群，表示启动点生成完毕。为了使线路转送装置不错过任何传输信息，X-10 让每个数据帧传输两次。一条完整的控制指令由4帧数据组成：前两帧传输被控设备地址，两帧之间无间隔；后两帧传输控制命令，两帧之间也无间隔，但前两帧与后两帧之间有3个周期的间隔，所以每条控制指令需要47个周期。对于50Hz的电力线来说，47个指令周期接近1s。

基于X-10协议构建的智能家居系统，主要由家庭网关和分布在家居各处的符合X-10规范的家电产品组成。由于现在市场上大多数家电产品仍未在其内部提供对X-10协议的支持，所以暂时需要在电力线与家电电源之间增加一个X-10模块，由网关对X-10模块进行控制，间接实现对家电产品的控制。在该系统中，为了识别网络中的不同设备，采用了2位十六进制编码，称为地址码，使系统中所有的被控设备都被赋予一个唯一地址码。

1.2.3　无线通信技术

随着物联网、云计算等新技术的发展，早期用于智能家居的有线技术虽然其数据传输可靠性强、传输速率高，但由于体积庞大、灵活性差、布线需钻墙凿洞、施工复杂、功能固定、成本相对较高，在智能家居的应用中开始显得力不从心，而取而代之的是无线通信/网络技术。无线通信/网络技术具有灵活多变、流动性佳、扩展性强等特点，更符合家庭网络通信需求，已成为智能家居技术发展的趋势，并将大大促进智能家居发展，实现大众家居生活智能化。

无线通信技术众多，已经成功应用在智能家居领域的无线通信技术方案主要有RF（射频）技术（射频大多为315MHz和433.92MHz）、WiFi技术、

ZigBee 技术、蓝牙技术、5G 技术等。无线通信技术方案的主要优势在于无须布线，安装方便灵活，而且可以根据需求随时扩展或改装。无线通信最大的缺点在于信号容易受干扰，导致系统不稳定，直接影响用户体验。

1．RF（射频）技术

RF（Radio Frequency，射频）技术是一种近距离、低复杂度、低功耗、低数据速率、低成本的无线通信技术。具有远距离传输能力的高频电磁波称为射频，当电流流过导体时，导体周围会形成磁场；交变电流通过导体，导体周围会形成交变的电磁场，称为电磁波。在电磁波频率低于 300kHz 时，电磁波会被地表吸收，不能形成有效的传输；在电磁波频率高于 300kHz 时，电磁波可以在空气中传播，并经大气层外缘的电离层反射，形成远距离传输能力。

普通家用或商用接收器通常使用红外线（IR），信号收发要求直线路径，容易受外物遮挡。使用无线射频技术，信号收发不受外物遮挡，凡在系统覆盖范围内，不论任何方位或角度，接收皆准确可靠。此外，信号根据使用地区的不同，由 315MHz 或 433.92MHz 无线频率传输，穿墙越壁，不受任何外物遮挡；系统在开放环境中，覆盖范围可达 100m；无线射频耗电量低，覆盖面广，无论走到任何角落，操控都是最方便可靠、自由舒心的。RF 技术的优点是部分产品无须重新布线，通过高频的无线频率（315MHz 或 433.92MHz）点对点传输，实现对家电和灯光的控制，安装设置都比较方便，主要应用于实现对某些特定电器或灯光的控制，成本适中。

2．WiFi 技术

WiFi（Wireless Fidelity，无线保真）技术是一种短距离无线技术。该技术使用 2.4GHz 附近的频段，由一个名为 WECA（Wireless Ethernet Compatibility Alliance，无线以太网兼容性联盟）的组织发布。它目前可使用的标准有两个：IEEE802.11a 和 IEEE802.11b。

WiFi 是由 AP（Access Point，接入点）和无线网卡组成的无线网络。AP 也称为网络桥接器，它是传统有线局域网络与无线局域网络之间的桥梁，因此任何一台装有无线网卡的 PC 均可通过 AP 去分享有线局域网络甚至广域网络的资源，其工作原理相当于一个内置无线发射器的 Hub 或路由器。

WiFi 技术是以太网的一种无线扩展，其组网的成本更低，传输速率较高、速度非常快，无线电波的覆盖范围半径则可达 100m，可以嵌入其他设备中。

基于 WiFi 技术的智能家居产品最为常见，其优势在于传输速率高，且产品成本低，具有更好的可扩展性、移动性，在生活中也最普及，对用户来说，基于 WiFi 的智能家居组合最省事，购买设备直接组网即可。在智能家居系统应用中，WiFi 智能网关就是家庭的一个智能化枢纽，经过智能网关上的无线射频模块与收集中各子节点进行通信，实现家电的控制；经过 Web 网络控制智能网关，从而实现对家电的远程控制。

WiFi 虽然传输快、普及广，但也存在着自身的技术劣势：其最大的问题是安全性非常低，无线稳定性弱；功耗大也是其弱点之一，将导致其在家居领域的应用受限，例如智能门锁、红外转发控制器、各种传感器等不适宜使用；此外，WiFi 的组网能力也相对较弱，目前 WiFi 网络的实际规模一般不超过 16 个设备，而实际家居环境中，仅开关、照明、家电的数量就已远远多于 16 个，显然发展空间受到了一定的限制。

3. ZigBee 技术

ZigBee 技术是一种近距离、低复杂度、低功耗、低速率、低成本的双向无线通信技术；主要用于距离短、功耗低且传输速率不高的各种电子设备之间的数据传输，以及周期性数据、间歇性数据、低反应时间数据传输。ZigBee 协议架构建立 IEEE802.15.4 标准基础之上。IEEE802.15.4 标准定义了 ZigBee 协议的物理层（PHY）和媒介访问控制层（MAC）；ZigBee 联盟则定义了 ZigBee

协议的网络层（NWK）、应用层（APL）和安全服务规范。

ZigBee 设备按网络功能分为三种：网络协调器（Network Coordinator）、路由器（Router）及终端设备（End-Device）。前两种都是 FFD（Full Function Device，全功能设备），可以与任何节点通信；终端节点是 RFD（Reduce Function Device，简化功能设备）。

网络协调器负责启动整个网络。它也是网络的第一个设备。网络协调器选择一个信道和一个网络 ID（也称为 PANID，即 Personal Area Network ID），随后启动整个网络。路由器允许其他设备加入网络，多跳路由和协助它自己的子终端设备的通信。终端设备没有特定的维持网络结构的责任，它可睡眠或被唤醒，因此它可以是一个电池供电设备。

ZigBee 的特点是数据传输速率低、功耗低、成本低、网络容量大、网络自组织、自愈能力强，通信可靠、数据安全、工作频段灵活。

ZigBee 智能家居以家庭为单位进行设计安装，每个家庭都安装一个家庭网关、若干个无线通信 ZigBee 子节点模块。在家庭网关和每个子节点上都接有一个无线网络收发模块（符合 ZigBee 技术标准的产品），通过这些无线网络收发模块，在网关和子节点之间传送数据。

4. 蓝牙技术

蓝牙（Bluetooth）技术是一种支持设备短距离通信（一般在 10m 内）的无线电技术，能在移动电话、PDA、无线耳机、笔记本电脑及其他相关外设等众多设备之间进行无线信息交换。它使用跳频扩谱（FHSS）、时分多址（TDMA）、码分多址（CDMA）等先进技术，在小范围内建立多种通信与信息系统之间的信息传输。但这只是点对点的短距离通信，其功耗介于 ZigBee 技术和 WiFi 技术之间，一般有效的范围在 10m 左右，抗干扰能力不强。在智能家居应用中，该技术一般只能作为一种辅助方式，用来传传手机里的音乐等，无法派上大用场。

5．5G 技术

第五代移动通信技术（5th Generation Mobile Networks 或 5th Generation Wireless Systems、5th-Generation，5G 或 5G 技术）是最新一代蜂窝移动通信技术，也是 4G（LTE-A、WiMax）、3G（UMTS、LTE）和 2G（GSM）系统之后的延伸。5G 的性能目标是提高数据速率、减少延迟、节省能源、降低成本、增加系统容量和大规模设备连接。2019 年 10 月 31 日，三大运营商公布 5G 商用套餐，并于 11 月 1 日正式上线 5G 商用套餐。

1.3　智能家居移动终端

1.3.1　移动智能终端的特点

移动互联网业务的特点不仅体现在移动性（可以随时、随地、随心地享受互联网业务带来的便捷）上，而且还表现在更丰富的业务种类、个性化服务和更高服务质量保证上。但是，移动互联网在终端和网络方面也受到了一定的限制。智能家居移动终端具有如下特点。

（1）在功能使用上，移动互联网业务使得用户可以在移动状态下接入和使用互联网服务，移动终端便于用户随身带和随时使用。移动终端更加注重人性化、个性化和多功能化。随着计算机技术的发展，移动终端从“以设备为中心”的模式进入“以人为中心”的模式，集成了嵌入式计算、控制技术、人工智能技术及生物认证技术等，充分体现了以人为本的宗旨。由于软件技术的发展，移动终端可以根据个人需求调整设置，更加个性化。同时，移动终端本身集成了众多软件和硬件，功能也越来越强大。

（2）在硬件体系上，移动终端具备中央处理器、存储器、输入部件和输出部件，也就是说，移动终端往往是具备通信功能的微型计算机设备。另外，移动终端可以具有多种输入方式，如键盘、鼠标、触摸屏、送话器和摄像头等，并可以根据需要调整输入。同时，移动终端往往具有多种输出方式，如受话器、显示屏等，也可以根据需要调整输出。

（3）在软件体系上，移动终端必须具备操作系统，如 Windows Mobile、Symbian、Palm、Android、iOS 等。同时，这些操作系统越来越开放，基于这些开放的操作系统平台开发的个性化应用软件层出不穷，如通信簿、日程表、记事本、计算器及各类游戏等，极大地满足了个性化用户的需求。

（4）在通信能力上，移动终端具有灵活的接入方式和高带宽通信性能，并且能根据所选择的业务和所处的环境，自动调整所选的通信方式，从而方便用户使用。移动终端可以支持 GSM、WCDMA、CDMA2000、TDSCDMA、WiFi 及 WiMAX 等，从而适应多种制式网络，不仅支持语音业务，而且还支持多种无线数据业务。移动互联网业务在提供便携性的同时，也受到了来自网络能力和终端能力的限制，在网络能力方面，受到无线网络传输环境，技术能力等因素的限制；在终端能力方面，受到终端大小、处理能力、电池容量等的限制。

1.3.2 智能家居移动终端的发展

随着无线通信技术和手持便携设备的飞速发展，移动设备在日常生活中的应用日益广泛，移动用户群呈现几何级增长。基于移动终端设备的各种功能服务迅速扩展，移动应用技术逐渐发展成一个全新的产业链，并在各行业发展中扮演越来越重要的角色。据中国互联网络信息中心（CNNIC）第 45 次《中国互联网络发展状况统计报告》显示，截至 2020 年 3 月，我国手机网民规模达 8.97 亿人，比 2018 年年底增长 7992 万人；我国网民使用手机上网的比例达 99.3%，比 2018 年年底提升 0.7 个百分点。2019 年，我国移动互联网接入流量消费达 1220 亿 GB，同比 2018 年增长 71.6%；用户每月均流量达 7.82GB/户，是上一年的 1.69 倍。庞大的智能手机数量为控制智能家居提供了硬件基础，同时智能家居插件可以在多种智能手机平台上运行，智能手机将操作发送到家中的 PLC 智能网关，信号通过电力线即可完成对智能家居设备的控制。

智能手机的革命性发展大大提升了用户使用手机上网的体验，手机上网逐渐成了 PC 上网的延伸，传统互联网用户逐渐大范围地向手机网络融合。随着移动互联网的发展，对应的智能家居系统应用功能将向下面新型应用功能发展。

（1）远程监控。可以通过 IE 或者手机远程调控家居内摄像头，从而实现远程探视。当出门在外时，可以随时用 IE 或者手机查看家中的实时影像，了解家中情况，远程探视家人；当窃贼趁家中无人进行行窃时，自动报警及时拨打手机，传输实时视频，并对现场进行录像、喊话驱逐；当出现意外失火或煤气泄漏等情况时，家庭视频监控系统会自动将告警信息发送到预先设定的手机号上。

（2）家电远程控制。住户可通过 IE 或者手机控制家居电器，如远程控制电饭锅煮饭，提前烧好洗澡水，提前开启空调调整室内温度等。

（3）家庭医疗保健和监护。利用 Internet，实现家庭的远程医疗和监护。Internet 在智能家居医疗保健中的作用不仅有助身心健康，而且会降低医疗保健成本。在家中将测量的血压、体温、脉搏、葡萄糖含量等参数传递给医疗保健专家，并和医院保健专家在线咨询和讨论，省去了许多在医院排队等候的麻烦。

（4）信息服务。通过 Internet 或手机可在任何时间任何地点获得和交换信息，信息传输可有多种形式，从静态文体、图形到动态的音频、视频信息。在智能家居中，可以用手提电话或 PDA 通过无线网络收发 E-mail，接收最新的股市行情。

（5）网络教育。网络教学将课堂带进了家庭，可帮助老师巩固课程知识，激发学生的好奇心。学校和家长通过家居中基于 Internet 的教育工具可以合作得更加紧密，这些工具在家庭和课堂之间建立了桥梁。在智能家居中，不管哪个年龄段的人都可以享受教育资源，进行终身教育和学习。

（6）数据挖掘。家居海量数据的积累成为电网企业的巨大财富，挖掘这些数据的潜在价值将成为智能家居领域的一个非常重要的研究方向。采集、分析家庭用电数据，从大的方面说，可以反映整个社会的经济发展水平；从小的方面说，可以反映家庭用电者的消费能力水平。作为与社会上每个行业、每个家庭及每个人联系最为密切的基础能源数据，可以反映出很多用电者的社会属性，如统计长时间不用电的家庭数量，可以得出城市房屋的空置率；统计购电缴费记录，可以得出使用者的信用度。电网企业可以建立统一的数据中心对数据进行加工和价值挖掘；通过数据挖掘技术对历史数据和运行中的实时数据进行分析、挖掘，抽取有用信息和规则，可以为节能评估提供节能数据，对隐性的故障进行预测、判断和处理，发现能耗浪费和节能潜力，评判管理或技术措施的实际节能效果。

（7）个性化推荐。通过分析用户智能家居的数据，可进行个性化推荐，如通过统计分析同一地区（本小区或邻近小区）用户家用电器的用电量信息，可以统计绿色节能家用电器数据排行，为用户推荐排行前几位的绿色节能电器，为用户购买新电器提供数据参考；通过用户用电信息挖掘用户的用电数据与行为数据，可以为用户推荐居住在附近且具有相似习惯的社交朋友；通过分析用户常用的智能家居功能与用户使用记录，为用户推荐个性化资讯与网络视频服务。

移动终端设备具有可携带移动、支持 GPS 定位、射频识别等功能，能够很好地支持智能家居的精细化管理，提升电力系统运行的安全性和经济性，实现“高效低碳”“节能减排”的目标。家居智能的开发和建设是未来国家、经济发展的必然趋势，也将成为移动应用产业的强大推动力，并能有力影响和促进其他行业移动应用部署进度，进而提高我国工业生产、行业运作等信息化水平。

第 2 章
Chapter 2

移动终端软件的总体设计

智能家居移动终端是控制智能家居设备的主要桥梁，需要基于系统的整体设计目标和原则，进行总体设计，在此基础上再设计用户界面。同时，为使界面具有灵活的可装配性，需要采用组件化方案。

2.1 系统设计目标和原则

2.1.1 系统设计目标

智能家居是高科技的一种表现形式，是互联网影响下物联化的一种体现。智能家居控制系统是将多种不同的设备连接在一起，提供家电控制、照明控制、电话远程控制、安防监控系统控制、环境监测等功能，是一种方便居住的设备自动化控制系统。

基于 Android 的智能家居控制系统的总体目标是，使用 Android 设备经 3G/4G/5G 网络、互联网或家庭局域网获取家居设备（如灯、空调、饮水机等）的信息和家居的环境参数等，建立 Android 上层软件，形成一个以人为本、实时、可扩展、低成本的智能家居控制系统。用户可对显示在手机或平板电脑上的智能电器实施控制，如控制电器的开关、窗帘的升降、空调的温度、电视的选台等；用户也可通过手机随时随地远程控制家电。

系统的设计和配置应经济合理，系统应能成功运行，系统的使用、管理和维护应方便，系统或产品的技术应成熟适用。应以最少的投入、最简便的实现途径来换取最大的功效，实现便捷、高质量的生活。

2.1.2 系统设计原则

为了实现上述目标，设计智能家居系统时应遵循以下原则。

1. 实用便利

智能家居最基本的目标是，为人们提供一个舒适、安全、方便和高效的生活环境。对智能家居产品来说，最重要的是以实用为核心，摒弃那些华而不实、只能充当摆设的功能，产品应以实用性、易用性和人性化为主。

在设计智能家居系统时，应根据用户对智能家居功能的需求，整合最实用、最基本的家居控制功能，包括智能家电控制、智能灯光控制、电动窗帘控制、防盗报警、门禁对讲、煤气泄漏报警等；还可以拓展三表抄送、视频点播等服务增值功能。个性化智能家居的控制方式丰富多样，如本地控制、远程控制、集中控制、手机控制、感应控制、网络控制、定时控制等，其本意是让人们摆脱烦琐的事务，提高效率，如果操作过程和程序设置过于烦琐，容易让用户产生排斥心理。因此，在设计智能家居时一定要充分考虑用户体验，注重操作的便利化和直观性，最好能采用图形图像化控制界面，让操作所见即所得。

2. 可靠性

整个建筑的各智能化子系统应能 24 小时运转，对系统的安全性、可靠性和容错能力必须予以高度重视；对各子系统，如电源、系统备份等采取相应的容错措施，保证系统正常且安全使用，质量及性能良好，具备应付各种复杂环境变化的能力。

3. 标准性

智能家居系统方案的设计应依照国家和地区的有关标准进行，确保系统的扩充性和扩展性，在系统传输上采用标准的TCP/IP协议，保证不同产商的系统之间可以兼容与互联。系统的前端设备是多功能、开放、可以扩展的设备。系统主机、终端与模块采用标准化接口设计，为家居智能系统外部厂商提供集成的平台，而且其功能可以扩展，当需要增加功能时，不必再敷设管网，简单可靠、方便节约。设计选用的系统和产品能够使本系统与未来不断发展的第三方受控设备进行互通互联。

4．轻巧型

顾名思义，轻巧型智能家居产品是一种轻量级的智能家居系统。简单、实用、灵巧是其最主要的特点，也是其与传统智能家居系统的最大区别。因此，一般把无须施工部署、功能可自由搭配组合、价格相对便宜、可直接面对最终消费者销售的智能家居产品称为轻巧型智能家居产品。

2.2 系统总体设计

2.2.1 系统功能设计

系统主要包含以下功能。

1．照明控制

实现对家居灯光的智能管理，可用遥控等多种智能控制方式实现对家居灯光的遥控开关、调光，全开全关及会客、影院等多种一键式灯光场景效果；可用定时控制、远程控制、手机控制等多种控制方式实现智能照明节能、环保、舒适、方便的功能。

另外，与窗帘自动控制系统结合，可实现室内自动调光，根据室外天气情况自动开关窗。

- 控制：本地控制、多点控制、远程控制、区域控制等。
- 安全：通过弱电控制强电方式，控制回路与负载回路分离。
- 简单：智能灯光控制系统采用模块化结构设计，简单灵活、安装方便。
- 灵活：根据用户的不同需求，只做软件修改设置就可以实现灯光布局的改变和功能扩充。

2. 电器控制

电器控制采用弱电控制强电方式，既安全又智能，可以用遥控、定时等多种智能控制方式对家里的电视、空调、饮水机、插座、地暖、投影机、新风系统等进行智能控制。

电器控制系统可以让客厅、餐厅、卧室等多个区域的电视机共享家庭影音库，并可以通过遥控器选择自己喜欢的音源进行观看；可以避免饮水机在夜晚反复加热而影响水质；可以避免电器发热导致安全隐患；可以对空调、地暖进行定时或者远程控制，让你到家后马上享受舒适的温度和新鲜的空气。

- 方便：手机控制、本地控制、场景控制、远程控制、电话与计算机远程控制等。
- 控制：采用红外或者协议信号控制方式，安全、方便、不干扰。
- 健康：通过智能检测器，可以对家里的温度、湿度、亮度进行检测，并驱动电气设备自动工作。
- 安全：系统可以根据生活节奏自动开启或关闭电路，避免不必要的浪费和电器老化引起的火灾。

3. 安防监控

随着居住环境的升级，人们越来越重视自己的个人安全和财产安全，对人、家庭及小区的安全提出了更高的要求，智能安防已成为当前的发展趋势。

安防门禁系统通过 RFID 实现非法进门报警、远程开关门功能，配合视频监控系统，可以让用户通过网络实时查看家里的情况，充分发挥监控的实时性和主动性。为了能实时分析、跟踪、判别监控对象，并在异常事件发生时提示、上报，安防监控系统的“智能化”就显得尤为重要。

- 安全：安防系统可以提前、及时发现陌生人入侵、煤气泄漏、火灾等情况，并通知主人。
- 简单：操作非常简单，可以通过手机或者门口的控制器进行布防或者撤防。
- 实用：视频监控系统可以依靠安装在室外的摄像机有效地阻止小偷的行动，并且可以在事后取证给警方提供有利证据。

4. 场景自定义

有人希望回到家时，空调已打开、窗帘已打开、洗澡水已放好、舒适的音乐已打开等。因为每位用户根据家庭的情况进行的具体设置各不相同，所以系统提供自定义场景功能，用户可以根据自己的喜好设置打包成一个“回家模式”，用户只要一键确认，就可以完成自己设置好的动作，较常用的模式有“回家模式”“离开模式”“睡觉模式”。

- 安全：因为场景模式一旦确认，就会启动很多动作，所以每个模式的操作系统都要求用户再次确认。
- 方便：只要一键确认，就可以同时启动预定的设置。
- 灵活：用户可以非常方便地自定义动作组成，设置属于自己的个性智能家居系统。

2.2.2　系统结构设计

本书考虑 Android 系统应用的广泛性，并结合智能家居的发展趋势，以运行于 Android 智能移动设备上的 App 为控制终端，以 STM32 为主控制器的家庭网关和分布在家居各房间的前端控制器协作控制家居电器，并借助互联网连接服务器实现远程控制，设计了一套成本低廉、可靠实用、界面友好的智能家居系统。

整个智能家居系统主要由移动智能终端、服务器、家庭网关、分布在各房间的前端控制器等构成。系统结构如图 2-1 所示。移动智能终端由用户操作，负责命令的发送；服务器作为移动控制端和家庭网关之间的桥梁，负责两者之间通信数据的转发；家庭网关从服务器或控制端接收命令后，转发至对应的前端控制器；前端控制器作为命令的最终执行者，对设备进行相应的控制操作。

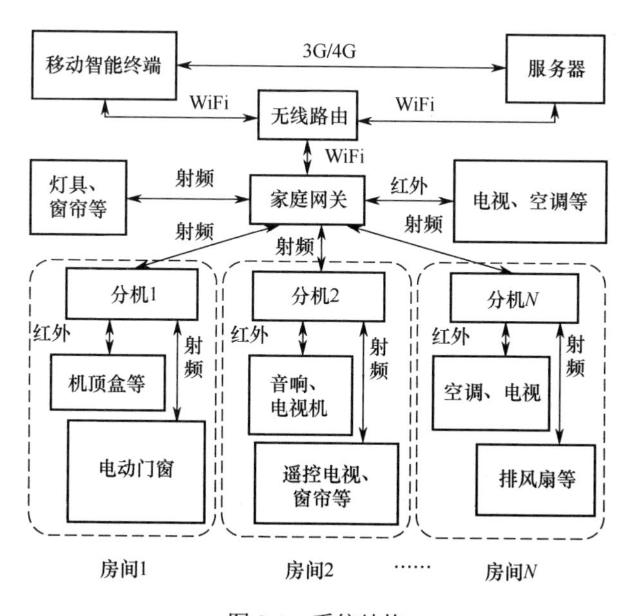

图 2-1　系统结构

1. 网络控制方式

智能家居系统的控制方式分为两种：（1）用户使用家用 WiFi 连接家庭网关，再由家庭网关控制前端设备的内网控制方式；（2）用户首先通过 3G/4G 网络访问服务器，服务器查找用户所对应的家庭网关，然后再由家庭网关控制前端设备的外网控制方式。

1）内网控制

移动智能终端通过 WiFi 向家庭网关发送控制指令，家庭网关接收控制指令后，将控制指令解析，并根据指令决定家庭网关是将指令转发给相应的前端控制器还是直接控制相应的家居电器工作，而分布在各房间的前端控制器主要负责接收家庭网关发出的射频控制信号，并将信号解析成控制指令，用于控制前端控制器所在房间的家居电器工作。家居电器接收控制操作指令后，执行相关功能，并将家居设备状态信息返回到控制终端，从而实现智能手机或平板电脑对家居电器的实时智能控制。

2）外网控制

移动智能终端通过 3G/4G 网络与服务器连接，实现与服务器的远程通信，由服务器负责找寻客户端账号所对应的家庭网关，服务器通过互联网与家庭网关通信，再通过家庭网关实现对家居设备的控制。外网控制的好处是，只要用户所使用的客户端具有上网功能，就可以随时随地对家居设备进行控制，不再受所处地理位置的影响。

2.2.3 数据结构设计

设备元数据存放在设备安装包中，以 XML 形式描述。用户终端可下载设备安装包进行更新。存储结构类似如下所示。

```
<deviceset>
    <set id="LAMP" name="灯光"/>
    <set id="TV" name="电视"/>
```

```
    <set id="REFRIGERATOR" name="冰箱"/>
    <set id="AIR_CONDITION" name="空调"/>
    <set id="WATER_HEATER" name="热水器"/>
    <set id="VENTILATOR" name="换气扇"/>
    <set id="HUMIDIFIER" name="加湿器"/>
    <set id="CINEMA" name="影院"/>
    <set id="CURTAIN" name="窗帘"/>
    <set id="MUSIC" name="音乐"/>
    <set id="GROUND_HEATING" name="地暖"/>
    <set id="TEL" name="电话"/>
</deviceset>
<?xml version="1.0" encoding="utf-8"?>
<devicetype>
    <type typeId="1" name="普通灯" set="LAMP" className="Ysl_
UICommonLamp">
        <status name="运行状态" value="关"/>
    </type>
    <type typeId="2" name="调光灯" set="LAMP" className="Ysl_
UIAdjustableLamp">
        <status name="运行状态" value="关"/>
        <status name="亮度" value="50"/>
    </type>
    <type typeId="3" name="组灯" set="LAMP" className= "Ysl_
UIGroupLamp">
        <status name="运行状态" value="关"/>
        <status name="模式" value="全关"/>
    </type>
    <type typeId="4" name="电视" set="TV" className="Ysl_UITV">
        <status name="运行状态" value="关"/>
        <status name="台号" value="1"/>
        <status name="音量" value="15"/>
    </type>
    <type typeId="5" name="空调" set="AIR_CONDITION" className=
"Ysl_UIAirCondition">
        <status name="运行状态" value="关"/>
        <status name="模式" value="自动"/>
        <status name="温度" value="15"/>
        <status name="风力" value="自动"/>
```

```
        <status name="方向" value="上下"/>
    </type>
    <type typeId="6" name="冰箱" set="REFRIGERATOR" className=
"Ysl_UIRefrigerator">
        <status name="运行状态" value="关"/>
        <status name="温度" value="15"/>
    </type>
    <type typeId="7" name="热水器" set="WATER_HEATER" className=
"Ysl_UIWaterHeater">
        <status name="运行状态" value="关"/>
        <status name="温度" value="25"/>
    </type>
    <type typeId="8" name="地暖" set="GROUND_HEATING" className=
"Ysl_UIGroundWarm">
        <status name="运行状态" value="关"/>
        <status name="温度" value="15"/>
    </type>
    <type typeId="9" name="加湿器" set="HUMIDIFIER" className=
"Ysl_UIHumidifier">
        <status name="运行状态" value="关"/>
        <status name="湿度" value="15"/>
    </type>
    <type typeId="10" name="换气扇" set="VENTILATOR" className=
"Ysl_UIVentilator">
        <status name="运行状态" value="关"/>
        <status name="风力" value="自动"/>
    </type>
    <type typeId="11" name="音乐" set="MUSIC" className="Ysl_
UIMusic">
        <status name="运行状态" value="暂停"/>
        <status name="模式" value="单曲模式"/>
        <status name="进度" value="0"/>
        <status name="音量" value="0"/>
        <status name="曲目" value="1"/>
    </type>
    <type typeId="12" name="影院" set="CINEMA" className="Ysl_
UICinema"/>
    <type typeId="13" name="窗帘" set="CURTAIN" className="Ysl_
```

```
UICurtains">
        <status name="运行状态" value="关"/>
    </type>
    <type typeId="14" name="电话" set="TEL" className="Ysl_
UITelePhone">
    </type>
 </devicetype>
```

不同家庭所设置的实际设备楼层、房间、设备等数据，以及设备状态数据存放在服务器数据库中。系统采用 MySQL 数据库，主要的数据表有用户表（sh_user）、房屋表（sh_home）、楼层表（sh_floor）、房间表（sh_room）、监控设备表（sh_monitor）、传感器表（sh_sensor）、设备表（sh_device）。智能家居系统后台数据库结构如图 2-2 所示。

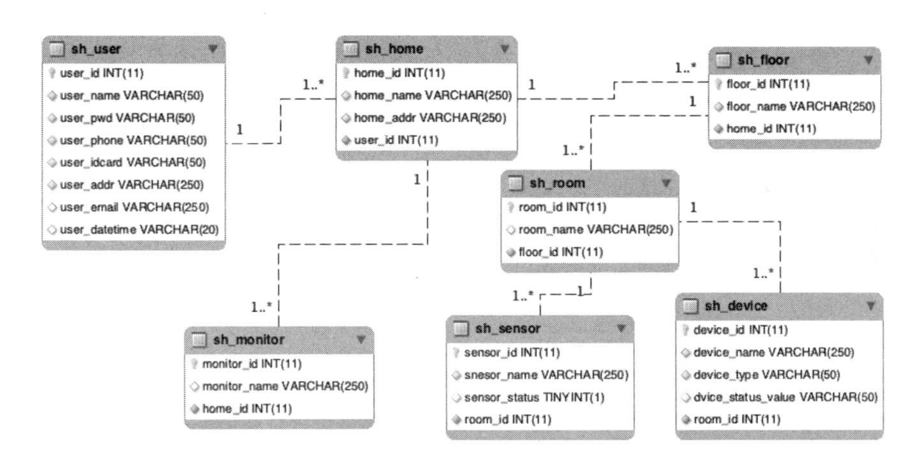

图 2-2　智能家居系统后台数据库结构

创建数据库的脚本如下所示。

```
CREATE SCHEMA IF NOT EXISTS `smarthome` DEFAULT CHARACTER SET utf8 ;
USE `smarthome` ;
-- -----------------------------------------------------
-- Table `smarthome`.`sh_user`
-- -----------------------------------------------------
CREATE TABLE IF NOT EXISTS `smarthome`.`sh_user` (
```

```
  `user_id` INT(11) NOT NULL AUTO_INCREMENT COMMENT '用户ID',
  `user_name` VARCHAR(50) NOT NULL COMMENT '用户名',
  `user_pwd` VARCHAR(50) NOT NULL COMMENT '密码',
  `user_phone` VARCHAR(50) NOT NULL COMMENT '电话',
  `user_idcard` VARCHAR(50) NOT NULL COMMENT '身份证号',
  `user_addr` VARCHAR(250) NOT NULL COMMENT '常住地址',
  `user_email` VARCHAR(250) NULL DEFAULT NULL COMMENT '电子邮件',
  `user_datetime` VARCHAR(20) NULL DEFAULT NULL COMMENT '注册时间',
  PRIMARY KEY (`user_id`))
ENGINE = InnoDB
DEFAULT CHARACTER SET = utf8;
-- -----------------------------------------------------
-- Table `smarthome`.`sh_home`
-- -----------------------------------------------------
CREATE TABLE IF NOT EXISTS `smarthome`.`sh_home` (
  `home_id` INT(11) NOT NULL AUTO_INCREMENT COMMENT '房屋ID',
  `home_name` VARCHAR(250) NOT NULL COMMENT '房屋名称',
  `home_addr` VARCHAR(250) NOT NULL COMMENT '房屋地址',
  `user_id` INT(11) NOT NULL,
  PRIMARY KEY (`home_id`),
  INDEX `fk_sh_home_sh_user_idx` (`user_id` ASC),
  CONSTRAINT `fk_sh_home_sh_user`
    FOREIGN KEY (`user_id`)
    REFERENCES `smarthome`.`sh_user` (`user_id`)
    ON DELETE NO ACTION
    ON UPDATE NO ACTION)
ENGINE = InnoDB
DEFAULT CHARACTER SET = utf8;
-- -----------------------------------------------------
-- Table `smarthome`.`sh_floor`
-- -----------------------------------------------------
CREATE TABLE IF NOT EXISTS `smarthome`.`sh_floor` (
  `floor_id` INT(11) NOT NULL AUTO_INCREMENT COMMENT '楼层ID',
  `floor_name` VARCHAR(250) NOT NULL COMMENT '楼层名',
  `home_id` INT(11) NOT NULL,
  PRIMARY KEY (`floor_id`),
  INDEX `fk_sh_floor_sh_home1_idx` (`home_id` ASC),
  CONSTRAINT `fk_sh_floor_sh_home1`
```

```
    FOREIGN KEY (`home_id`)
    REFERENCES `smarthome`.`sh_home` (`home_id`)
    ON DELETE NO ACTION
    ON UPDATE NO ACTION)
ENGINE = InnoDB
DEFAULT CHARACTER SET = utf8;
-- -----------------------------------------------------
-- Table `smarthome`.`sh_room`
-- -----------------------------------------------------
CREATE TABLE IF NOT EXISTS `smarthome`.`sh_room` (
  `room_id` INT(11) NOT NULL AUTO_INCREMENT COMMENT '房间 ID',
  `room_name` VARCHAR(250) NULL DEFAULT NULL COMMENT '房间名称',
  `floor_id` INT(11) NOT NULL,
  PRIMARY KEY (`room_id`),
  INDEX `fk_sh_room_sh_floor1_idx` (`floor_id` ASC),
  CONSTRAINT `fk_sh_room_sh_floor1`
    FOREIGN KEY (`floor_id`)
    REFERENCES `smarthome`.`sh_floor` (`floor_id`)
    ON DELETE NO ACTION
    ON UPDATE NO ACTION)
ENGINE = InnoDB
DEFAULT CHARACTER SET = utf8;
-- -----------------------------------------------------
-- Table `smarthome`.`sh_device`
-- -----------------------------------------------------
CREATE TABLE IF NOT EXISTS `smarthome`.`sh_device` (
  `device_id` INT(11) NOT NULL AUTO_INCREMENT COMMENT '设备 ID',
  `device_name` VARCHAR(250) NOT NULL COMMENT '设备名称',
  `device_type` VARCHAR(50) NOT NULL COMMENT '设备类型',
  `device_status_value` VARCHAR(50) NULL DEFAULT NULL COMMENT
'设备状态值',
  `room_id` INT(11) NOT NULL,
  PRIMARY KEY (`device_id`),
  INDEX `fk_sh_device_sh_room1_idx` (`room_id` ASC),
  CONSTRAINT `fk_sh_device_sh_room1`
    FOREIGN KEY (`room_id`)
    REFERENCES `smarthome`.`sh_room` (`room_id`)
    ON DELETE NO ACTION
```

```
    ON UPDATE NO ACTION)
ENGINE = InnoDB
DEFAULT CHARACTER SET = utf8;
-- -----------------------------------------------------
-- Table `smarthome`.`sh_monitor`
-- -----------------------------------------------------
CREATE TABLE IF NOT EXISTS `smarthome`.`sh_monitor` (
  `monitor_id` INT(11) NOT NULL AUTO_INCREMENT COMMENT '监控设备ID',
  `monitor_name` VARCHAR(250) NULL DEFAULT NULL COMMENT '监控设备名称',
  `home_id` INT(11) NOT NULL,
  PRIMARY KEY (`monitor_id`),
  INDEX `fk_sh_monitor_sh_home1_idx` (`home_id` ASC),
  CONSTRAINT `fk_sh_monitor_sh_home1`
    FOREIGN KEY (`home_id`)
    REFERENCES `smarthome`.`sh_home` (`home_id`)
    ON DELETE NO ACTION
    ON UPDATE NO ACTION)
ENGINE = InnoDB
DEFAULT CHARACTER SET = utf8;
-- -----------------------------------------------------
-- Table `smarthome`.`sh_sensor`
-- -----------------------------------------------------
CREATE TABLE IF NOT EXISTS `smarthome`.`sh_sensor` (
  `sensor_id` INT(11) NOT NULL AUTO_INCREMENT COMMENT '传感器状态',
  `sensor_name` VARCHAR(250) NOT NULL COMMENT '传感器名称',
  `sensor_status` TINYINT(1) NULL DEFAULT NULL COMMENT '传感器状态（正常|不正常）',
  `room_id` INT(11) NOT NULL,
  PRIMARY KEY (`sensor_id`),
  INDEX `fk_sh_sensor_sh_room1_idx` (`room_id` ASC),
  CONSTRAINT `fk_sh_sensor_sh_room1`
    FOREIGN KEY (`room_id`)
    REFERENCES `smarthome`.`sh_room` (`room_id`)
    ON DELETE NO ACTION
    ON UPDATE NO ACTION)
ENGINE = InnoDB
```

```
DEFAULT CHARACTER SET = utf8;

SET SQL_MODE=@OLD_SQL_MODE;
SET FOREIGN_KEY_CHECKS=@OLD_FOREIGN_KEY_CHECKS;
SET UNIQUE_CHECKS=@OLD_UNIQUE_CHECKS;
```

2.2.4　数据类的设计

同种类型的设备构成设备集，关于设备集首先有设备集类型，如“灯光”。设备集类型包含设备集类型 ID、设备集类型名称及所属的包名。设备集包含的数据有设备集 ID、设备集名称、所属的包名及设备数据。设备数据包含设备 ID、设备名称、设备类型及其他数据。设备类型数据包括设备类型 ID、设备类型名称、包名、类名及初始状态。房间数据包含房间 ID、房间名称及设备集。楼层数据包含楼层 ID、楼层名称及房间集。家庭数据包含楼层集、传感器集、监控集、家庭场景状态、设备集及设备类型集。

数据类结构如图 2-3 所示。

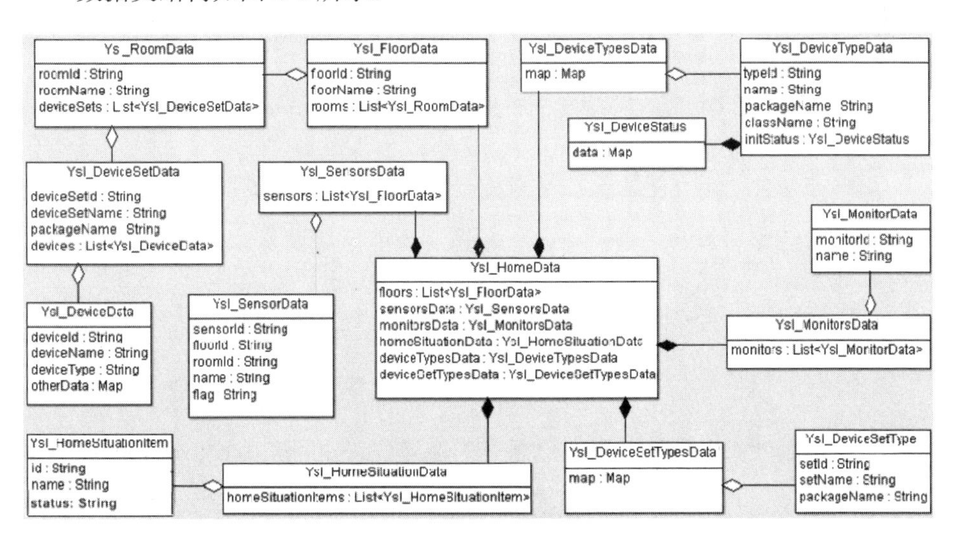

图 2-3　数据类结构

2.3 整体界面的设计

智能家居移动控制终端设计关系用户的体验和整体使用效果。设计美观、实用、可配置的界面是非常重要的。

2.3.1 界面设计原则及整体结构

1. 界面设计原则

智能家居移动控制终端需要提供便捷、可视的操作界面，允许用户控制不同房间的设备。

界面设计需要遵循以下原则。

- 简洁性：界面结构简洁、操作简单，便于用户使用。
- 美观性：界面美观大方、布局合理、色彩协调、视觉效果好。
- 方便性：能方便地选择家庭楼层、房间及设备；能以直观的方式呈现智能家居设备，并便于操作和控制智能家居设备。
- 适应性：能够根据不同智能家居设备及个数的不同，自动增加或减少界面组件。
- 定制性：用户可根据自己需要创建模式，如回家模式、离家模式、睡眠模式。用户还可以根据喜好设置常用的家居场景模式。

2. 界面整体结构

进入系统后，首先显示欢迎界面，然后进入登录界面，登录成功后进入主界面。主界面可以显示室外天气、温度、风况，室内温度、湿度，当前日期和时间；也可以通过选择“状况”“家居”“安防”“服务”“场景”“设置”等功能，进入不同的子功能界面。选择“家居”功能后进入家居控制界面。在家居控制界面，可以按楼层、房间、设备集、设备的层次打开设备界面。界面整体结构如图 2-4 所示。

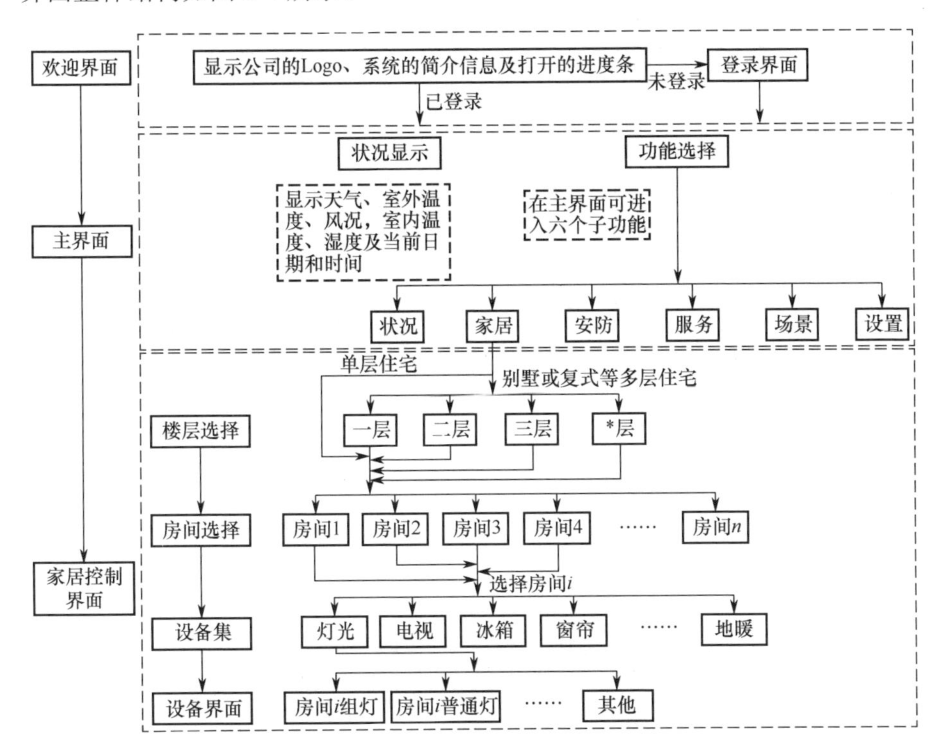

图 2-4　界面整体结构

2.3.2　主要界面设计

1. 登录界面

系统启动后首先进入登录界面（如图 2-5 所示）。在此界面中，输入用户名和密码即可登录。系统管理员和家庭用户使用不同的用户名和密码。在登录过程中，如果选择“保存密码”复选框，则在下次登录时，自动填入用户名和密码，单击“登录”按钮即可进入主界面。如果选择“自动登录”复选框，则在下次登录时不会在登录界面停留，而是直接自动进入主界面。若想取消自动登录，需要进入登录界面中取消选择“自动登录”复选框。

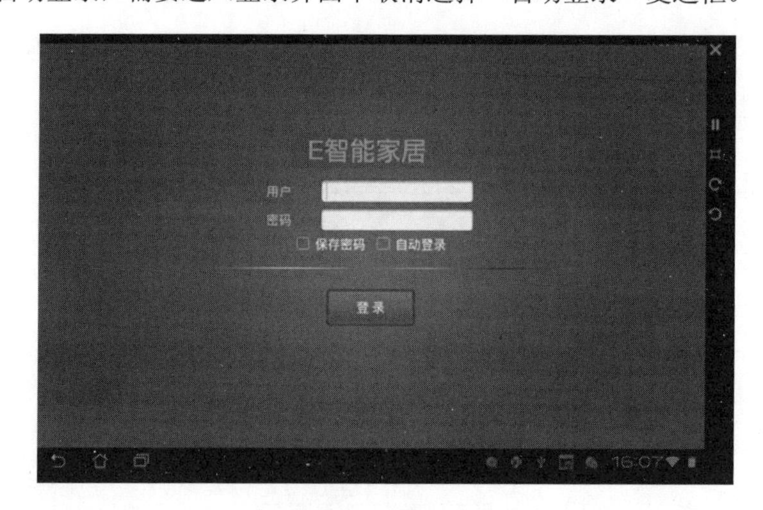

图 2-5　登录界面

2. 主界面

登录成功后，进入主界面（如图 2-6 所示）。主界面显示室外天气、温度、风况，室内温度、湿度，当前日期和时间。在主界面中可进入六个子功能。

图 2-6　主界面

主界面采用框架布局（FrameLayout），添加到这个布局中的视图以层叠的方式显示。在这个布局中添加两个线性布局（LineLayout），第一个线性布局放置天气、日历，第二个线性布局放置功能按钮。功能按钮通过 Padding 属性调整上下位置。

1）状况

在主界面中单击“状况”按钮，进入如图 2-7 所示的家庭状况显示界面。该界面显示室内温度、室内湿度、空气质量，以及烟感传感器、天然气传感器、光线传感器、红外线传感器、漏水传感器等是否正常。

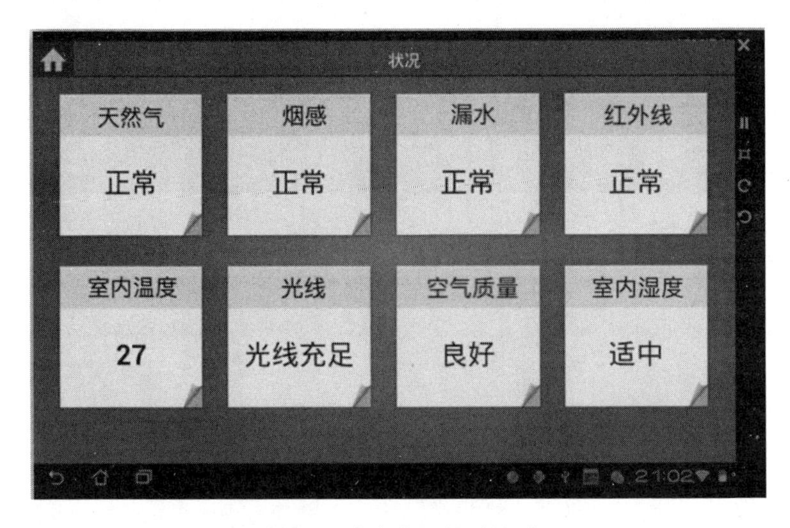

图 2-7　家庭状况显示界面

2）家居

在主界面中单击“家居”按钮，进入家居控制界面（如图 2-8 所示）。该界面的左侧是“楼层”列表，选择楼层后显示不同房间列表。选择房间后，中间区域显示设备集，选择设备集图标进入该设备集。右侧为“场景”列表。单击某场景按钮，将按该场景预定义的设置控制设备。

例如，选择灯光设备集（如图 2-9 所示），客厅灯光包含普通灯、客厅主灯（组）和客厅调光灯。这三种灯都可以通过单击“开关”按钮，控制灯的开关。在开的情况下，客厅主灯（组）可以选择“全开”或“半开”，默认是“全关”；客厅调光灯可以通过滑条调节灯的亮度。

图 2-8　家居控制界面

图 2-9　灯光

3）安防

在主界面中单击“安防”按钮，可进入安防界面。在安防界面中，用户首先看到的是家中所有的传感器，如图 2-10 所示。左列是一次性传感器，右列是连续性传感器。报警的传感器以红色显示。用户单击报警的传感器后，将进入相应的房间，只列出该指定房间的传感器，其界面如图 2-11 所示。在房间单击红色报警传感器后，“恢复”按钮激活（连续性报警器为“暂停”），如图 2-12 所示。单击“恢复”按钮后，传感器恢复常态（如图 2-13 所示）。进入房间后，用户可切换楼层和房间。

图 2-10　安防界面

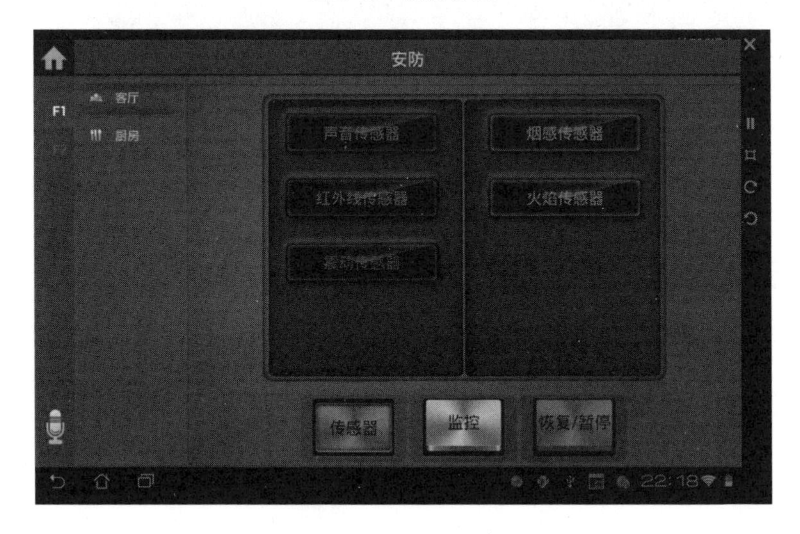

图 2-11　指定房间的传感器界面

图 2-12　在房间单击红色报警传感器后，“恢复”按钮激活

在如图 2-13 所示的界面中，当用户单击底部的“传感器”按钮时，将显示家中所有的传感器。

图 2-13　单击“恢复”按钮后，传感器恢复常态

单击“监控”按钮，进入监控界面（如图 2-14 所示）；单击某个监控，将放大显示其监控界面，如图 2-15 所示。

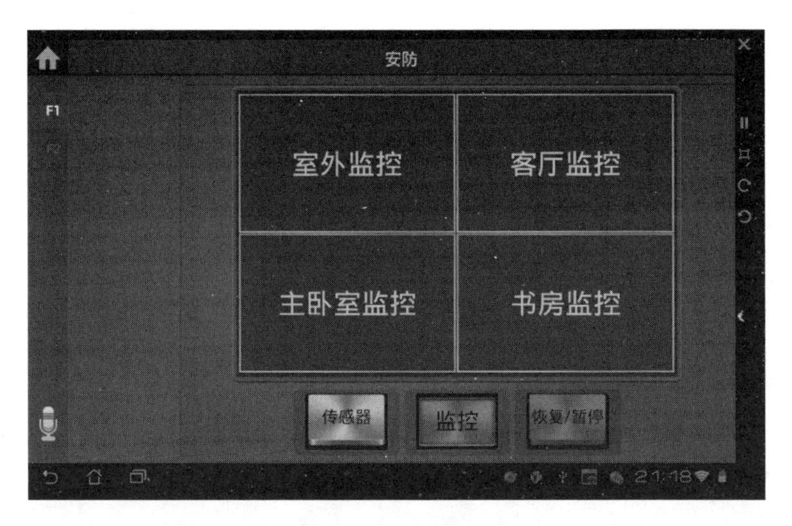

图 2-14　监控界面

图 2-15　放大显示监控界面

4）服务

在主界面中单击“服务”按钮，进入如图 2-16 所示的界面，显示公司相关信息和服务。这里给出的是模拟界面。

5）场景

场景分为两个层面：房间场景、家庭整体场景。

图 2-16　公司服务主页

（1）房间场景。

如图 2-8 所示的界面右侧是“场景”列表。用户可以选择不同的场景，以切换该房间设备的状态。“场景”列表下面的“生成”按钮用于新建或修改场景。单击“生成”按钮，弹出一个输入框，若输入的名称和原来某个场景的名称相同，则用当前的设置覆盖原场景，相当于修改场景；若输入的名称是个新名称，则用当前的设置建立一个新场景。对于自己建立的场景，在“场景”列表中长按自己建立的场景，可以将其删除。

（2）家庭整体场景。

在主界面中，单击“场景”按钮，可以建立、删除、选择家庭整体场景。家庭整体场景界面如图 2-17 所示。

单击“场景”标题，打开场景生成界面，可对场景进行修改。单击“删除”按钮，可以删除该场景。选择一个场景，可以将该场景设为默认场景。

单击“生成”按钮将打开创建场景界面（如图 2-18 所示）。该界面列出了每个房间的现有场景，整体场景中，可选择该房间的场景，也可以不选择。设置后，单击“保存”按钮，将弹出输入框，让用户输入场景名称（如图 2-19 所示），若输入的名称与原来某个整体场景的名称相同，则覆盖原来的设置。若是新名称，则建立一个新场景。

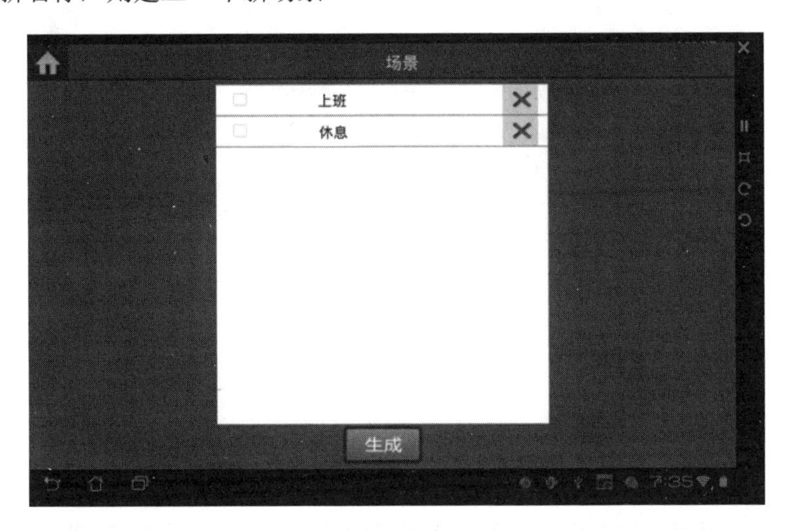

图 2-17　家庭整体场景界面

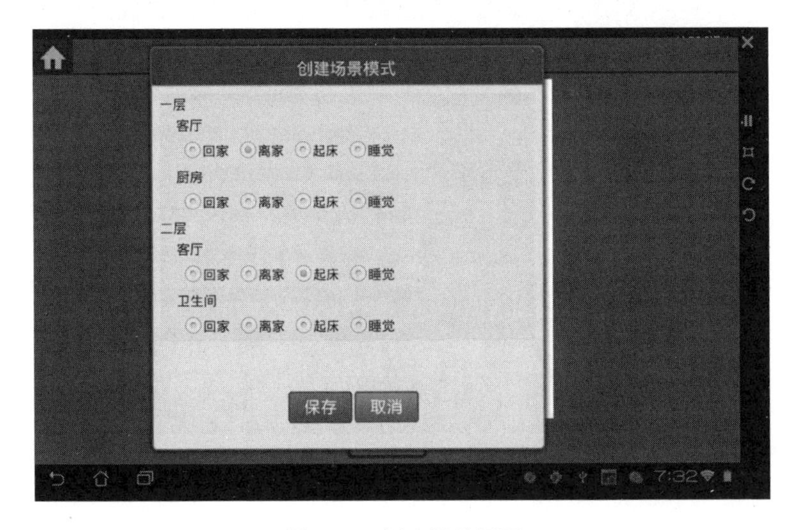

图 2-18　创建场景界面

图 2-19　输入场景名称

6）设置

系统管理员或家庭用户登录后，在主界面中单击“设置”按钮，可进入设置界面（如图 2-20 所示）。

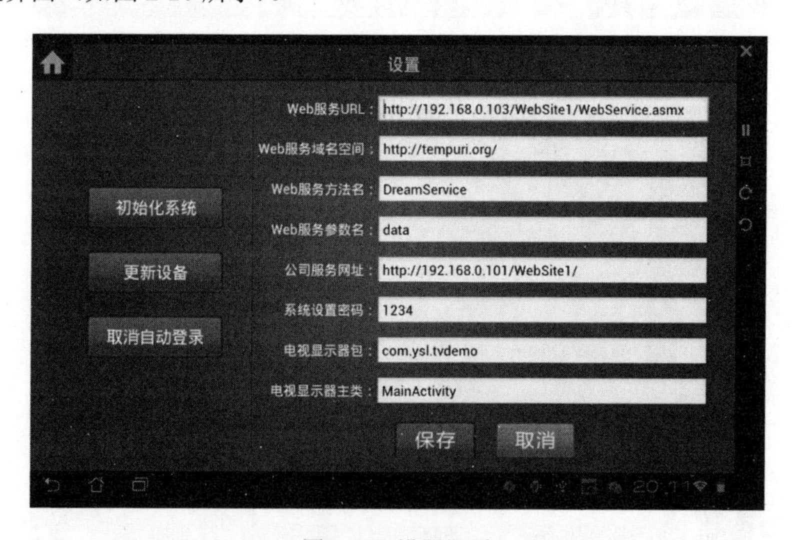

图 2-20　设置界面

- 初始化系统：对系统数据进行初始化。初始化将重新从网上获取基础数据，建立默认的场景，可升级设备组件。

- 更新设备：系统的设备控制组件以单独的包存放，用户可以单独下载或升级。用户更新设备包时，系统会自动检测系统中是否已安装设备包，如果已安装设备包，则提醒用户是否重新下载安装。当用户选择重新安装时，系统会自动检测已安装版本是否为最新版本，如果是，则提醒用户不需要安装。
- 取消自动登录：取消保存过的自动登录。

2.4 设备组件的设计

2.4.1 设备组件的设计原理

Android 提供了精巧的组件化模型构建用户的 UI 部分。Android 的 UI 主要基于布局类：View 和 ViewGroup。在此基础上，Android 平台提供大量预制的 View 和 ViewGroup 的子类，即布局（Layout）和窗口小部件（Widget）。可以用它们构建自己的 UI。如果没有符合需要的预制窗口小部件，则可以创建自己的视图子类。如果只对已存在的窗口小部件或布局做小的调整，则只需要继承该类，覆盖相关的方法，即定义用户组件。用户组件可以更精确地控制视图元素的外观和功能。

智能家居移动控制终端的界面组件主要采用以下三种方式创建。

（1）调整组件：继承 View 的子类 ，对现有 Android 默认提供的组件进行扩展。

（2）完全自定义组件：继承 View，界面及事件完全由用此方式设计组件的软件设计者控制。

（3）合成组件：继承 ViewGroup 或其布局子类，组合现有 Android 默认提供的组件。

在智能家居移动控制终端中，设备组件中最常用的是各种功能按钮，如“开关”按钮、“模式”按钮、“指令”按钮、“增加”按钮、“减少”按钮，不同的按钮发出的消息不同，呈现的方式也不同。考虑设备的功能按钮，有时需要显示文字，因此对新功能在 TextView 基础上进行扩展，即对功能按钮采用调整的方式进行设计。

其他的设备组件主要采用合成组件的方式设计，即不是完全自定义一个新的视图组件，而是将现有的视图组件组合在一起，处理共同的业务逻辑。这种采用合成方式定义的组件类继承 ViewGroup 或其布局子类，其他布局也可以嵌套在其中；与 Activity 类似，用户可以用基于 xml 文件的声明方式创建容器组件，也可以嵌入程序代码中。与 Android 现有的组件类似，如果自定义组件，则能在 xml 文件中设计，可以做到界面设计与代码设计分离，为界面维护提供较大的灵活性和方便性，也可以避免代码过于烦琐。智能家居移动控制终端界面要根据家居设备的不同动态进行组装，使用 Java 代码控制界面，可控制性更强，但开发过程比较烦琐，不便于更新维护。既能使用 xml 文件配置设备组件，又能通过 Java 代码创建设备组件对象，是最理想的。在设备组件的构造方法中，使用类似下面的语句应用布局文件，并获得视图。

```
    View view = ((Activity) getContext()).getLayoutInflater().
inflate(R.layout.groupLamp, this);
```

获得视图后，就可以获得视图中的组件。

2.4.2 功能按钮的设计与使用

功能按钮主要包括“开关”按钮、“模式”按钮、“指令”按钮、“增加”按钮、“减少”按钮。

（1）“开关”按钮有两种状态（开和关），两种状态交替切换，发出不同的指令（on 或 off），标识设备的启动和关闭。

（2）“模式”按钮也有两种状态（选中和没选中），多个“模式”按钮一起使用，每次只能选中一个，已选中时不可再单击。设备开启后，“模式”按钮默认有一个被选中，单击其他任何一个没有选中的“模式”按钮，即可切换模式。

（3）单击“指令”按钮时发出相应的指令且能表现动态效果，按钮抬起时恢复原状态。

（4）“增加”按钮和“减少”按钮与“指令”按钮类似，不同的是，单击时发出的信息可增加或减少某个量。

1．功能按钮设计

功能按钮通过扩展 TextView 进行设计。创建步骤如下。

（1）通过<declare-styleable>为自定义组件添加属性。在 res/vlaues 文件夹下建立如下 attr.xml 文件。

```
<?xml version="1.0" encoding="utf-8"?>
<resources>
    <declare-styleable name="Customize">
        <attr name="type">
            <enum name="switch_button" value="0"/>
            <enum name="mode_button" value="1"/>
            <enum name="command_button" value="2"/>
            <enum name="add_button" value="3"/>
            <enum name="subtract_button" value="4"/>
        </attr>
        <attr name="src1" format="reference"/>
        <attr name="src2" format="reference"/>
        <attr name="mode_name" format="string"/>
        <attr name="command_name" format="string"/>
```

```
        <attr name="attribute_name" format="string"/>
    </declare-styleable>
</resources>
```

在上面的文件中配置了 6 个属性，type 是一个枚举类型，表示按钮类型；src1 和 src2 是引用类型，表示两种状态所用的图像；mode_name、command_name 和 attribute_name 都是字符串类型，分别表示模式名、指令名和属性名。

（2）为自定义的组件定义事件接口。

单击功能按钮时激活事件，为了传递指令信息，定义如下接口。

```
package znjj.device;
public interface Ysl_ClickListener {
    public void onClick(String name, String value);
}
```

对于"开关"按钮，name 值为"run_status"，value 为"on"或者"off"；对于"模式"按钮，name 值为"run_mode"，value 为具体的模式；对于"指令"按钮，name 值为"command"，value 为具体的指令；对于"增加"按钮或"减少"按钮，name 值为属性名称，value 为增加或减少后的属性值。

（3）定义组件类。

继承 TextView，定义所需的变量，如下所示。

```
package znjj.device;
import java.util.Map;
import android.content.Context;
import android.content.res.TypedArray;
import android.graphics.drawable.Drawable;
import android.util.AttributeSet;
import android.view.Gravity;
import android.view.MotionEvent;
import android.view.View;
import android.widget.TextView;
```

```
/**
 * 功能按钮
 * @version 1.0 2020-1-29
 * @author Yang Shulin
 */
public class Ysl_UIFunctionButton extends TextView {
    private Drawable src1, src2; //两种状态的图像
    private int type; //按钮类型
    private String status; //按钮状态，用于“开关”按钮
    private String mode_name; //模式名称，用于“模式”按钮
    private String command_name; //指令名称，用于“指令”按钮
    private String attribute_name; //属性名称，用于“增加”和“减
少”按钮
    private Ysl_ClickListener clickListener;//事件监听器
}
```

（4）在构造方法中获取 xml 文件中配置的属性值。

定义了三种构造方法，在代码中实例化一个组件会调用第一种构造方法，在 xml 中定义会调用第二种构造方法，第二种构造方法显示调用了第三种构造方法。

参数 defStyle 是指定默认的 Style，这里指定为 0，表示不使用默认的 Style。

在第三种构造方法中，首先通过如下三条件语句设置相应属性，以保证自定义的按钮可单击：

```
this.setClickable(true);
this.setFocusable(true);
this.setEnabled(true);
```

之后，通过 Context 的 obtainStyledAttributes()方法获得自定义的属性值，并设置到组件的背景及事件。所有类型的按钮都添加了单击事件，在单击事件中激活自定义的事件。“指令”按钮、“增加”按钮和“减少”按钮还添加

了鼠标事件、触摸事件，以切换按下和抬起两种状态。

```
    public Ysl_UIFunctionButton(Context context) {
        this(context, null, 0);
    }
    public Ysl_UIFunctionButton(Context context, AttributeSet attrs) {
        this(context, attrs, 0);
    }
    public Ysl_UIFunctionButton(Context context, AttributeSet attrs, int defStyle) {
        super(context, attrs, defStyle);
        this.setClickable(true);
        this.setFocusable(true);
        this.setEnabled(true);
        TypedArray a = context.obtainStyledAttributes(attrs,R.styleable.Customize);
        src1 = a.getDrawable(R.styleable.Customize_src1);
        src2 = a.getDrawable(R.styleable.Customize_src2);
        type = a.getInt(R.styleable.Customize_type, 0);
        mode_name = a.getString(R.styleable.Customize_mode_name);
        command_name = a.getString(R.styleable.Customize_command_name);
        attribute_name = a.getString(R.styleable.Customize_attribute_name);
        status = mode_name;
        this.setBackground(src1);
        this.setOnClickListener(new OnClickListener() {
            @Override
            public void onClick(View arg0) {
                switch (type) {
                case 0:
                    if (status.equals("off")) {
                        clickListener.onClick("run_status", "on");
                    } else {
                        clickListener.onClick("run_status", "off");
                    }
                    break;
```

```
        case 1:
            clickListener.onClick("run_mode", mode_name);
            break;
        case 2:
            clickListener.onClick("command", command_name);
            break;
        case 3:
        case 4:
            Map<String, String> deviceStatus = ((Ysl_UIDevice)
        clickListener).getDeviceStatus();
            Integer value = Integer.valueOf(deviceStatus
                    .get(attribute_name));
            if (type == 3) {
                value++;
            } else {
                value--;
            }
            clickListener.onClick(attribute_name, String.
        valueOf(value));
            break;
        }
    }
});
if (type == 2 || type == 3 || type == 4) {
    this.setOnTouchListener(new OnTouchListener() {
        @Override
        public boolean onTouch(View arg0, MotionEvent event) {
            if (event.getAction() == MotionEvent.ACTION_DOWN) {
                Ysl_FunctionButton.this.setBackground(src2);
            } else if (event.getAction() == MotionEvent.
        ACTION_UP) {
                Ysl_FunctionButton.this.setBackground(src1);
            }
            return false;
        }
    });
}
```

```
    a.recycle();
}
```

（5）定义属性方法和事件注册方法。

方法 setStatus()用于更新按钮状态；方法 setClickListener()用于注册事件。

```
public void setStatus() {
    Map<String, String> deviceStatus = ((Ysl_UIDevice) click
Listener).getDeviceStatus();
    if (type != 0) {
        if (deviceStatus.get("run_status").equals("on")) {
            this.setEnabled(true);
        } else {
            this.setBackground(src1);
            this.setEnabled(false);
            return;
        }
    }
    switch (type) {
    case 0:
        if (deviceStatus.get("run_status").equals("off")) {
            status = "off";
            this.setBackground(src1);
        } else {
            status = "on";
            this.setBackground(src2);
        }
        break;
    case 1:
        if (deviceStatus.get("run_mode").equals(mode_name)) {
            this.setEnabled(false);
            this.setBackground(src2);
        } else {
            this.setEnabled(true);
            this.setBackground(src1);
        }
```

```
            break;
        }
    }
    public void setClickListener(Ysl_ClickListener clickListener) {
        this.clickListener = clickListener;
    }
```

2. 按钮的使用

在布局（Layout）中指定命名空间 myspace，设置属性时使用该命名空间。

```
<?xml version="1.0" encoding="utf-8"?>
<LinearLayout
    xmlns:android="http://schemas.android.com/apk/ res/android"
    xmlns:myspace="http://schemas.android.com/apk/res/znjj.
device"
    … >
        …
        <znjj.device.Ysl_UIFunctionButton
            android:id="@+id/button1"
            android:layout_width="140dp"
            android:layout_height="140dp"
            android:gravity="center"
            android:text="全开"
            android:textColor="#ff616c6e"
            android:textSize="30sp"
            myspace:mode_name="all_open"
            myspace:src1="@drawable/lamp_switch_off"
            myspace:src2="@drawable/lamp_switch_on"
            myspace:type="mode_button"/>
        …
</LinearLayout>
```

2.4.3　设备组件的基类设计

采用面向对象的机制设计设备组件，首先定义一个设备基类，封装设备数据、设备状态数据及指令控制器。该类继承线性布局（LinerLayout）并实现了 Ysl_ClickListener 接口。此外，refreshUI()是一种抽象方法，用于更新界面，也是由子类去实现的。设备组件的继承关系如图 2-21 所示。

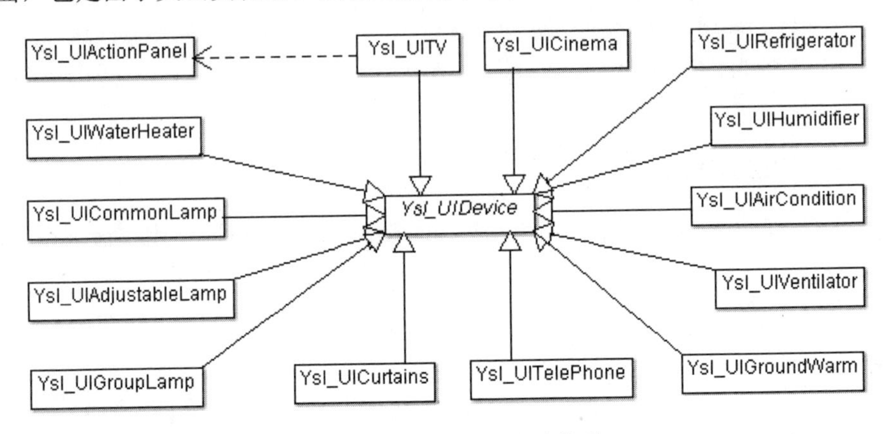

图 2-21　设备组件的继承关系

设备组件的基类代码如下所示。

```
package com.ysl.device;
import java.lang.ref.WeakReference;
import java.lang.reflect.Method;
import java.util.ArrayList;
import java.util.List;
import java.util.Map;
import com.example.net.Ysl_ComManager;
import com.example.net.Ysl_ComCommand;
import android.annotation.SuppressLint;
import android.content.Context;
import android.os.Handler;
import android.os.Message;
import android.view.Gravity;
import android.view.View;
import android.view.ViewGroup;
import android.widget.LinearLayout;
import android.widget.Toast;
/**
 * 设备视图基类
 * @version 1.0 2020-1-9
```

```
    * @author Yang Shulin
    */
   public abstract class Ysl_UIDevice extends LinearLayout
implements Ysl_ClickListener {
      private Map<String, Object> deviceData; //设备数据
      private Map<String, String> deviceStatus; //状态数据
      private Object command; //控制器
      private Handler handler;

      /**
       * 功能：构造函数
       * @param context 上下文
       * @param deviceData 设备数据
       */
      public Ysl_UIDevice(Context context, Map<String, Object>
   deviceData) {
         super(context);
         this.setLayoutParams(new LayoutParams(LayoutParams.WRAP_
      CONTENT, LayoutParams.WRAP_CONTENT));
         setGravity(Gravity.CENTER);
         handler = new MyHandler(this);
         this.deviceData = deviceData;
      }
      /**
       * 功能：设置指令对象
       * @param command 指令对象
       */
      public void setCommand(Object command) {
         this.command = command;
      }

      /**
       * 功能：获取设备状态
       * @return 设备状态
       */
      public Map<String, String> getDeviceStatus() {
         return deviceStatus;
```

```
    }

    /**
     * 功能：设置设备状态
     * @param deviceStatus 设备状态
     */
    public void setDeviceStatus(Map<String, String> device
Status) {
        this.deviceStatus = deviceStatus;
        refreshUI();
    }

    /**
     * 功能：初始化设备状态
     */
    public abstract void refreshUI();

    /**
     * 功能：获取设备数据
     * @return 设备数据
     */
    public Map<String, Object> getDeviceData() {
        return this.deviceData;
    }

    /**
     * 功能：改变某个状态
     * @param statusAttribute 状态属性
     * @param statusValue 状态值
     */
    public void setStatus(String statusAttribute, String status
Value) {
        deviceStatus.put(statusAttribute, statusValue);
    }

    /**
     * 功能：获取某个状态
     * @param statusAttribute 状态属性
```

```
     * @return 状态值
     */
    public String getStatus(String statusAttribute) {
        return deviceStatus.get(statusAttribute);
    }

    /**
     * 功能：发送指令
     * @param instructionName 指令名称
     * @param instructionValue 指令值
     * @return 状态值
     */
    public void sendInstruction(String instructionName, String
instructionValue) {
        try {
            Method method = command.getClass().getMethod("send
        Data", new Class[] { Context.class, Handler.class, String.
        class, String.class, String.class, String. class });
            method.invoke(command, this.getContext(), handler,
        deviceData.get("deviceId").toString(), instructionName,
        instruct ionValue); //使用反射机制调用指令对象方法
        } catch (Exception e) {
            e.printStackTrace();
        }
    }

    /**
     * 功能：发送指令
     * @param view 组件容器视图
     * @return 命令按钮列表
     */
    protected List<Ysl_FunctionButton> getAllButtons(View view) {
        List<Ysl_FunctionButton> allchildren = new ArrayList
    <Ysl_FunctionButton>();
        if (view instanceof ViewGroup) {
            ViewGroup vp = (ViewGroup) view;
            for (int i = 0; i < vp.getChildCount(); i++) {
                View viewchild = vp.getChildAt(i);
```

```
            if (viewchild instanceof Ysl_FunctionButton)
                allchildren.add((Ysl_FunctionButton) viewchild);
            else
                allchildren.addAll(getAllButtons(viewchild));
        }
    }
    return allchildren;
}

//单击事件
@Override
public void onClick(String instructionName, String instruction){
    sendInstruction(instructionName, instruction);
}

/**
 * 消息处理类
 * @version 1.0 2020-7-2
 * @author Yang Shulin
 */
private static class MyHandler extends Handler {
    private final WeakReference<Ysl_UIDevice> wdevice;

    public MyHandler(Ysl_UIDevice device) {
        wdevice = new WeakReference<Ysl_UIDevice>(device);
    }

    @Override
    public void handleMessage(Message msg) {
        Ysl_UIDevice device = wdevice.get();
        super.handleMessage(msg);
        if (msg.what == 0) {
            Toast.makeText(device.getContext(), "发送指令失败！",
                    Toast.LENGTH_LONG).show();
        } else {
            Object data = msg.getData().getByteArray("result");
            String s[] = Ysl_ComCommand.toString(data);
```

```
                if (s != null) {
                    device.setStatus(s[0], s[1]);
                    device.refreshUI();
                } else {
                    Toast.makeText(device.getContext(),"返回数据
                错误！", Toast.LENGTH_LONG).show();
                }
            }
        }
    }
}
```

2.4.4　设备组件的类设计

具体的设备组件继承 Ysl_UIDevice 类，下面以组灯为例来说明具体设计方法。在组灯控制界面中，左侧有一个灯，用于表示灯是否开启；中间显示组灯的名称；右侧有一个“开关”按钮，用于开启或关闭组灯，还有两个“模式”按钮，用于切换全开和半开。当组灯关闭时，“模式”按钮不可用。组灯关闭状态界面如图 2-22 所示，组灯开启状态界面如图 2-23 所示。

图 2-22　组灯关闭状态界面

图 2-23　组灯开启状态界面

具体设计步骤如下。

（1）准备组灯界面素材，将组灯界面素材复制到 res/drawable 目录下，如图 2-24 所示。

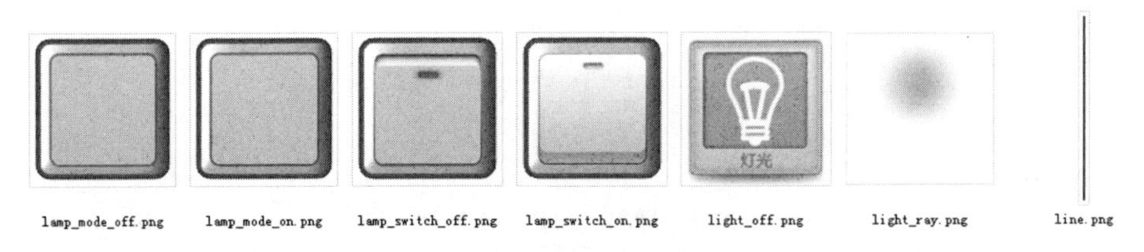

图 2-24　组灯界面素材

（2）在 res/layout 下建立布局文件 groupLamp.xml，在该文件中设计组灯界面，代码如下所示。

```
<?xml version="1.0" encoding="utf-8"?>
<LinearLayout
    xmlns:android="http://schemas.android.com/apk/res/android"
    xmlns:myspace="http://schemas.android.com/apk/res/com.ex
ample.tt"
    android:layout_width="wrap_content"
    android:layout_height="wrap_content"
    android:layout_gravity="center"
    android:orientation="horizontal"
    android:paddingBottom="10dp"
    android:paddingTop="10dp" >
    <LinearLayout
        android:layout_width="250dp"
        android:layout_height="wrap_content"
        android:gravity="left" >
        <ImageView
            android:id="@+id/lamp"
            android:layout_width="140dp"
            android:layout_height="140dp"
            android:background="@drawable/light_off" />
        <ImageView
            android:layout_width="8dp"
            android:layout_height="140dp"
            android:layout_marginLeft="10dp"
            android:layout_marginRight="10dp"
            android:background="@drawable/air_conditioning_line" />
```

```
    <TextView
        android:id="@+id/title"
        android:layout_width="wrap_content"
        android:layout_height="match_parent"
        android:layout_gravity="top"
        android:gravity="left"
        android:textColor="#ffcccccc"
        android:textSize="24sp" />
</LinearLayout>
<LinearLayout
    android:layout_width="140dp"
    android:layout_height="wrap_content"
    android:gravity="left"
    android:orientation="vertical" >
    <com.example.tt.Ysl_FunctionButton
        android:id="@+id/button1"
        android:layout_width="140dp"
        android:layout_height="140dp"
        android:gravity="center"
        android:text="全开"
        android:textColor="#ff616c6e"
        android:textSize="30sp"
        myspace:mode_name="all_open"
        myspace:src1="@drawable/lamp2_switch_off"
        myspace:src2="@drawable/lamp2_switch_on"
        myspace:type="mode_button" />
    <com.example.tt.Ysl_FunctionButton
        android:id="@+id/button2"
        android:layout_width="140dp"
        android:layout_height="140dp"
        android:gravity="center"
        android:text="半开"
        android:textColor="#ff616c6e"
        android:textSize="30sp"
        myspace:mode_name="half_open"
        myspace:src1="@drawable/lamp2_switch_off"
```

```
            myspace:src2="@drawable/lamp2_switch_on"
            myspace:type="mode_button" />
        <com.example.tt.Ysl_FunctionButton
            android:id="@+id/button3"
            android:layout_width="140dp"
            android:layout_height="140dp"
            android:textColor="#ff616c6e"
            android:textSize="30sp"
            myspace:mode_name="off"
            myspace:src1="@drawable/lamp_switch_on"
            myspace:src2="@drawable/lamp_switch_off"
            myspace:type="switch_button" />
    </LinearLayout>
</LinearLayout>
```

（3）建立 Ysl_UIGroupLamp 类，继承 Ysl_UIDevice。在构造方法中使用如下语句应用布局并获得视图。

```
    View view = ((Activity) getContext()).getLayoutInflater().
inflate (R.layout.grouplamp, this);
```

具体类的定义如下。

```
package com.ysl.device;
import java.util.List;
import java.util.Map;
import android.app.Activity;
import android.content.Context;
import android.view.View;
import android.widget.ImageView;
import android.widget.TextView;
public class Ysl_UIGroupLamp extends Ysl_UIDevice{
    List<Ysl_FunctionButton> btns;
    TextView txtTitle;
    ImageView lamp;
    public Ysl_UIGroupLamp(Context context, Map<String, Object>
deviceData) {
        super(context, deviceData);
        View view = ((Activity) getContext()).getLayoutInflater().
```

```
        inflate(R.layout.grouplamp, this);
            txtTitle = (TextView) view.findViewById(R.id.title);
            txtTitle.setText(deviceData.get("deviceName").toString());
            lamp = (ImageView) view.findViewById(R.id.lamp);
            btns = getAllButtons(view);
            for (Ysl_FunctionButton btn : btns){
                btn.setClickListener(this);
            }
        }
        @Override
        public void refreshUI() {
            if(this.getDeviceStatus().get("run_status").equals("on")){
                lamp.setImageResource(R.drawable.light_ray);
            }else{
                lamp.setImageResource(0);
            }
            for (Ysl_FunctionButton btn : btns){
                btn.setStatus();
            }
        }
}
```

2.4.5　设备组件界面的刷新

在 Android 的设计思想中，为了确保用户流畅的操作体验。一些耗时的任务不能在 UI 线程中运行，访问网络就属于这类任务。因此，我们必须重新开启一个子线程运行这些任务。然而，最终这些任务往往又会直接或者间接地需要访问和控制 UI 控件。例如，首先访问网络获取数据，然后需要将这些数据处理显示出来。但是，Android 规定除 UI 线程外，其他线程都不可以访问和操控那些 UI 控件。因为当子线程中有涉及 UI 的操作时，就会对主线程产生危险，也就是说，更新 UI 只能在主线程中更新，在子线程中操作是危险的。为此，我们利用 Handler 来解决这个问题。Handler 是 Android 中专门用来在线程之间传递信息类的工具。Handler 主要接收子线程发送的数据，并用此数据配合主线程更新 UI，用来与 UI 主线程交互。例如，可以用 Handler 发送一个 message，然后在 Handler 的线程中接收、处理该消息，以避免直接在 UI 主线程中处理事务导致影响 UI 主线程的其他处理工作；也可以将 Handler 对象传给其他进程，以便在其他进程中通过 Handler 发送事件；还可以通过 Handler 的延时发送 message，延时处理一些事务。

除使用 Handler 外，还可以利用 Activity.runOnUIThread(Runnable)、View.Post (Runnable)、View.PostDelayed(Runnabe,long) 、AsyncTask 等实现后台线程与 UI 线程交互。这些方法各有优点，但究其根本都是基于 Handler 方法的包装。

在设备界面组件中，利用 Handler 来更新界面。具体设计步骤如下。

（1）自定义一个 Handler 子类 MyHandler。

为了避免 MyHandler 实例所关联的设备界面组件对象不能及时回收而产生内存泄漏，这个类定义成静态内部类。因为静态内部类不会持有外部类的引用，所以不会导致外部类实例的内存泄漏。当需要在静态内部类中调用外部的对象时，可以使用弱引用。

```
/**
 * 消息处理类
 * @version 1.0 2020-7-2
 * @author Yang Shulin
 */
private static class MyHandler extends Handler {
    private final WeakReference<Ysl_UIDevice> wdevice;
    public MyHandler(Ysl_UIDevice device) {
        wdevice = new WeakReference<Ysl_UIDevice>(device);
    }

    @Override
```

```
        public void handleMessage(Message msg) {
            Ysl_UIDevice device = wdevice.get();
            super.handleMessage(msg);
            if (msg.what == 0) {
                Toast.makeText(device.getContext(), "发送指令失败！",
                        Toast.LENGTH_LONG).show();
            } else {
                Object data = msg.getData().getByteArray("result");
                String s[] = Ysl_ComCommand.toString(data);
                if (s != null) {
                    device.setStatus(s[0], s[1]);
                    device.refreshUI();
                } else {
                    Toast.makeText(device.getContext(),"返回数据错误！",
                            Toast.LENGTH_LONG).show();
                }
            }
        }
    }
```

（2）在设备界面组件的基类构造方法中创建 MyHandler 实例。

```
    public Ysl_UIDevice(Context context, Map<String, Object>
deviceData) {
        …
        handler = new MyHandler(this);
        …
    }
```

（3）发送指令时，将 MyHandler 实例传递给指令对象。

```
    public void sendInstruction(String instructionName, String
instructionValue) {
        try {
                Method method = command.getClass().getMethod("send
        Data", new Class[] { Context.class, Handler.class, String.
        class, String.class, String.class, String. class });
```

```
            method.invoke(command, this.getContext(), handler,
    deviceData.get("deviceId").toString(), instructionName,
    instructionValue);
        } catch (Exception e) {
            e.printStackTrace();
    }
}
```

第 3 章
Chapter 3
网络通信与安全

网络通信通过网络将各个孤立的设备进行连接，通过信息交换实现人与人、人与计算机、计算机与计算机之间的通信。在智能移动控制系统中，网络通信是不可缺少的。

3.1 Android 网络通信技术基础

3.1.1 基于 TCP 和 UDP 的网络通信

1. TCP 和 UDP

网络协议是网络上计算机为交换数据所必须遵守的通信规范和消息格式的集合。目前，传输层常用的网络协议有 TCP（Transfer Control Protocol，传输控制协议）和 UDP（User Datagram Protocol，用户数据报协议）。TCP 是一种面向连接的保证可靠传输的协议。通过 TCP 传输，得到的是一个顺序的无差错的数据流。在发送方和接收方的成对的两个 Socket（套接字）之间必须建立连接，才能在 TCP 的基础上进行通信，当一个 Socket（通常都是 ServerSocket）等待建立连接时，另一个 Socket 可以请求连接，一旦这两个 Socket 连接起来，它们就可以进行双向数据传输，双方都可以进行发送或接收操作。UDP 是一种无连接的协议，每个数据报都是一个独立的信息，包括完整的源地址或目的地址，它在网络上以任何可能的路径传往目的地，因此不能保证能否到达目的地、到达目的地的时间及内容的正确性。可以从以下方面对两个协议进行比较。

1）从连接的时间来看

使用 UDP 时，每个数据报中都给出了完整的地址信息，因此无须建立发送方和接收方的连接。因为 TCP 是一个面向连接的协议，在 Socket 之间进行数据传输之前要建立连接，所以在 TCP 中多了一个建立连接的时间。

2）从传输的容量来看

使用 UDP 传输数据时是有大小限制的，每个被传输的数据报必须限定在 64KB 之内。TCP 没有这方面的限制，一旦建立起连接，双方的 Socket 就可以按统一的格式传输大量的数据。

3）从传输的可靠性来看

UDP 是一个不可靠的协议，发送方所发送的数据报并不一定以相同的次序到达接收方。TCP 是一个可靠的协议，它确保接收方完全正确地获取发送方所发送的全部数据。TCP 在网络通信上有极强的生命力，例如远程连接（Telnet）和文件传输（FTP）都需要不定长度的数据被可靠地传输。相比之下，UDP 操作简单，而且仅需要较少的监护，因此通常用于局域网高可靠性的分散系统中 Client/Server 应用程序。

4）从传输的效率来看

TCP 的可靠传输要付出代价，对数据内容正确性的检验必然占用计算机的处理时间和网络的带宽。因此，TCP 的传输效率不如 UDP 高。有许多应用不需要保证严格的传输可靠性，但要求速度快，比如视频会议系统，并不要求音频/视频数据绝对正确，只要保证连贯性就可以了。在这种情况下，显然使用 UDP 会更合理一些。

Android 对 UDP 和 TCP 都有很好的支持。对于 TCP，Android 提供的类有 Socket 和 ServerSocket；对于 UDP，Android 提供的类有 DatagramSocket 和 DatagramPacket。在智能家居控制系统设计中，客户端与智能网关采用更

可靠的 TCP，语音通信采用 UDP。

2. 基于 TCP 的网络通信原理

基于 TCP 的网络通信采用客户/服务器（Client/Server，C/S）模型。通信双方中的一方作为服务器等待客户提出请求并予以响应，客户则在需要服务时向服务器提出申请。服务器一般作为守护进程始终运行，监听网络端口，一旦有客户请求，就会启动一个服务线程来响应该客户，同时自己继续监听服务端口，使后来的客户也能及时得到服务。客户尝试与服务器建立连接，服务器既可以接受连接也可以拒绝连接。一旦建立起连接，客户和服务器就可通过套接字进行通信。网络上的两个程序通过一个双向的通信连接实现数据的交换，这个双向链路的一端称为一个套接字（Socket）。Socket 通常用来实现客户和服务器的连接。一个 Socket 由一个 IP 地址和一个端口号唯一确定。

在 Android 应用程序中，将 Socket 类和 ServerSocket 类分别用于客户端和服务器端。在使用套接字通信过程中，主动发起通信的一方称为客户，接受请求进行通信的一方称为服务器。当客户和服务器连通后，它们之间就建立了一种双向通信模式。通过套接字建立连接的过程如图 3-1 所示。

（1）服务器建立 ServerSocket 对象，负责接收客户端请求。

（2）客户端创建一个 Socket 对象，向服务器发出请求，与服务器试图建立连接。

（3）服务器接收到客户端请求，产生一个对应的 Socket，接受连接。

（4）通过 Socket 获得输入、输出流。

（5）根据协议通信，通过流读写数据。

（6）通信结束，关闭流和套接字。

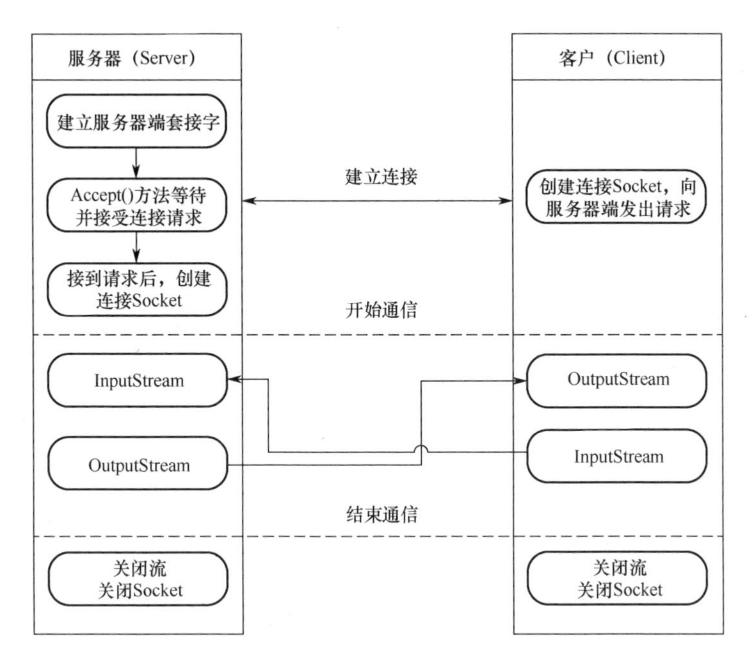

图 3-1　通过套接字建立连接的过程

1）建立客户端程序

java.net 包中的 Socket 类用于建立客户端套接字。建立客户端程序基本的步骤如下。

（1）建立 Socket 对象。

建立客户端 Socket 的常用方法如下。

- Socket()：创建一个新的未连接的 Socket。
- Socket(Proxy proxy)：使用指定的代理类型创建一个新的未连接的 Socket。
- Socket(String dstName,int dstPort)：使用指定的目标服务器的 IP 地址和目标服务器的端口号，创建一个新的 Socket。
- Socket(String dstName,int dstPort,InetAddress localAddress,int localPort)：使

用指定的目标主机、目标端口、本地地址和本地端口，创建一个新的Socket。

- Socket(InetAddress dstAddress,int dstPort)：使用指定的本地地址和本地端口，创建一个新的 Socket。
- Socket(InetAddress dstAddress,int dstPort,InetAddress localAddress,int localPort)：使用指定的目标主机、目标端口、本地地址和本地端口，创建一个新的 Socket。

其中，proxy 为代理服务器地址，dstAddress 为目标服务器 IP 地址，dstPort 为目标服务器的端口号（因为服务器的每种服务都会绑定在一个端口上），dstName 为目标服务器的主机名。Socket 构造函数代码举例如下所示：

```
    Socket client=new Socket("192.168.1.23", 2012); //第一个参数是
目标服务器的 IP 地址，2012 是目标服务器的端口号
```

注意：0～1023 端口为系统保留，用户设定的端口号应该大于 1023。

（2）获得输入/输出流。

Socket 提供了方法 getInputStream ()和 getOutputStream()，用于得到对应的输入/输出流，以进行读/写操作。为了便于读/写数据，可以在返回的输入/输出流对象上建立高级流。例如：

```
    //获取输入流
    BufferedReader in = new BufferedReader(new InputStreamReader
(socket.getInputStream()));
    //获取输出流
    BufferedWriter out = new BufferedWriter(new OutputStreamWriter
(socket.getOutputStream()));
```

（3）进行读写操作。

读/写数据的方法依赖所建立的流。例如：

```
out.write(outMsg); //写入
out.flush(); //刷新，发送
String inMsg = in.readLine(); //获取输入流
```

（4）关闭流和套接字。

每个 Socket 存在时都占用一定的资源，在 Socket 对象使用完毕时要关闭。关闭 Socket 可以调用 Socket 的 close()方法。在关闭 Socket 之前，应将与 Socket 相关的所有的输入/输出流全部关闭，以释放所有的资源，而且要注意关闭的顺序。例如：

```
out.close(); //关闭输出流
in.close(); //关闭输入流
socket.close(); //关闭套接字
```

2）建立服务器端程序

服务器端需要一个响应客户端请求通信的程序，该程序将应用 ServerSocket 对象接收客户的请求，得到一个 Socket 对象后，利用该 Socket 对象来与客户端通信。

（1）建立 ServerSocket。

建立服务器端的 ServerSocket 的常用方法如下。

- ServerSocket()：构造一个新的未绑定的 ServerSocket。
- ServerSocket(int port)：构造一个新的 ServerSocket 实例并绑定到指定端口。如果 port 参数为 0，端口则由操作系统自动分配，此时进入队列的数目被设置为 50。
- ServerSocket(int port,int backlog)：构造一个新的 ServerSocket 实例并绑定到指定端口，并且指定进入队列的数目。如果 port 参数为 0，端口则由操作系统自动分配。

- ServerSocket(int port,int backlog,InetAddress localAddress)：构造一个新的 ServerSocket 实例并绑定到指定端口和指定的地址。如果 localAddress 参数为 null，则可以使用任意地址；如果 port 参数为 0，端口则由操作系统自动分配。

下面是一个典型的创建服务器端的 ServerSocket 的过程：

```
ServerSocket serverSocket = new ServerSocket(2012);
```

（2）接受请求。

在有了 ServerSocket 对象后，调用 accept()方法，等待用户请求。执行这个方法，线程处于堵塞状态，一旦有客户请求，它就会返回一个 Socket 对象，程序继续执行。为了不影响主线程的运行。可以把等待请求的工作交给一个单独的线程来做。

```
Socket  socket = serverSocket.accept();  //等待客户请求
```

（3）获得输入/输出流，读写数据。

通过 accept()方法获得的 Socket 对象与客户端相对应，再通过这个 Socket 对象获得输入/输出流。

（4）进行读/写操作。

利用输入/输出流读/写数据，从而和客户端通信。

（5）关闭套接字。

先关闭输入/输出流，然后关闭 Socket 对象和 ServerSocket 对象。

由于网络状况的不可预见性，很有可能在网络访问时造成阻塞，主线程 UI 就会出现假死的现象，产生很不好的用户体验。因此，在 Android4.0 之后，默认的情况下如果直接在主线程中访问就报出了这个异常，则名字是

NetworkOnMainThreadException。要建立一个子线程访问网络。

此外，要访问网络，在 Android 配置文件中需要添加以下权限。

```
<uses-permission android:name="android.permission.INTERNET"/>
```

3．基于 UDP 的网络通信原理

数据报（Datagram）是一种在网络上传播、独立、自包含地址信息的格式化信息。数据报通信使用 UDP。数据报通信不需要建立连接，对于通信时所传输的数据报能否到达目的地、到达的时间、到达的次序，都不能准确地知道。虽然其传输信息的可靠性无法保证，但开销小，传输速度快。数据报通信主要用于传输一些数据量大、非关键性的数据。

在 java.net 包中提供了两个类，即 DatagramSocket 和 DatagramPacket，用来支持数据报通信。DatagramSocket 类用于在程序之间建立传送数据报的通信连接，DatagramPacket 类用来表示一个数据报。建立数据报通信程序的基本步骤如下。

1）建立数据报套接字（DatagramSocket）

在以数据报方式编写 C/S 模式程序时，无论是在客户方还是服务器方，都要建立一个数据报套接字对象，用来接收或发送数据。DatagramSocket 类的常用构造方法如下。

- DatagramSocket()：创建数据报套接字，并将其绑定到本地主机上任何可用的端口。
- DatagramSocket(int port)：创建数据报套接字，并将其绑定到本地主机的指定端口。
- DatagramSocket(int port, InetAddress addr)：创建数据报套接字，并将其绑定到指定的本地地址。

2）建立数据报包（DatagramPacket）

数据报包是数据的载体。DatagramPacket 类的常用构造方法如下。

- DatagramPacket(byte buf[],int length)。
- DatagramPacket(byte[] buf,int offset,int length)。
- DatagramPacket(byte buf[],int length,InetAddress address,int port)。
- DatagramPacket(byte[] buf,int offset,int length,InetAddress address,int port)。

其中，buf 为存放数据的缓冲区，length 为数据的长度，address 和 port 指明目的地址和端口，offset 指明数据在 buf 中的偏移位置。前两个用来接收数据，后两个用来发送数据。

3）接收数据

在接收数据前，首先要利用前面介绍的前两个构造方法创建 DatagramPacket 对象，给出接收数据的缓冲区及其长度；然后调用 DatagramSocket 的 receive()方法等待数据报的到来。调用 receive()方法后，处于堵塞状态，将一直等待，直到收到一个数据报为止。例如：

```
DatagramPacket packet=new DatagramPacket(buf, 256);
Socket.receive (packet);
```

接收到数据包后，可以使用 DatagramPacket 的 getData()方法取出数据；还可获得发送方的地址和端口，例如：

```
InetAddress address=packet.getAddress();//取地址
int port=packet.getPort();//取端口
```

4）发送数据

在发送数据前，首先要生成一个新的 DatagramPacket 对象，这时要使用后两个构造方法。在给出存放发送数据的缓冲区的同时，还要给出完整的目的地址，包括 IP 地址和端口号。发送数据是通过 DatagramSocket 的 send()方法实现的，send()方法根据数据报的目的地址来寻径，以传递数据报。例如：

```
    DatagramPacket packet=new DatagramPacket(buf, length, address,
port);
    Socket.send(packet);
```

3.1.2　基于 HTTP 的网络通信

除对传输层的 TCP/UDP 支持良好外，Android 对 HTTP（HyperText Transport Protocol，超文本传输协议）也提供了很好的支持。

1. HTTP

HTTP 是一个应用层协议，由请求和响应构成，是一个客户端和服务器端请求和响应的标准。HTTP 通常承载于 TCP 之上，有时也承载于 TLS 或 SSL 层之上，这时就成了 HTTPS。

HTTP 报文是面向文本的，报文中的每个字段都是一些 ASCII 码串，各个字段的长度是不确定的。HTTP 有两类报文：请求报文和响应报文。一个 HTTP 报文由请求行、消息报头、空行和数据组成。

1）请求行

请求报文的请求行由请求方法字段、URI 字段和 HTTP 版本字段组成，它们之间用空格分隔。例如：

```
    GET /form.html HTTP/1.1 (CRLF)
```

响应报文的请求行由 HTTP 的版本、响应状态代码、状态代码的文本描述字段组成，它们之间用空格分隔。例如：

```
    HTTP/1.1 200 OK (CRLF)
```

2）消息报头

消息报头包括普通报头、请求报头、响应报头和实体报头。消息报头由"头部字段名/值"对组成，每行一对，头部字段名和值用英文冒号":"分隔。

（1）普通报头：既可用于请求，也可用于响应；不用于被传输的实体，只用于传输消息，作为一个整体而不是特定资源与事务相关联。例如，Date 普通报头表示消息产生的日期和时间；Connection 普通报头允许发送指定连接的选项，如指定连接是连续，或者指定 close 选项，通知服务器，在响应完成后，关闭连接。

（2）请求报头：允许客户端传递关于自身的信息和希望的响应形式。请求报头通知服务器有关客户端请求的信息，典型的请求报头有以下三种。

① User-Agent：包含产生请求的操作系统、浏览器类型等信息。

② Accept：客户端可识别的内容类型列表，用于指定客户端接受哪些类型的信息。

③ Host：请求的主机名，允许多个域名同处一个 IP 地址，即虚拟主机。

（3）响应报头：服务器用于传递自身信息的响应。典型的响应报头有以下两种。

① Location：用于重定向接收者到一个新的位置。Location 响应报头常用在更换域名的时候。

② Server：包含服务器用来处理请求的系统信息，与 User-Agent 请求报头相对应。

（4）实体报头：定义被传送资源的信息。既可用于请求，也可用于响应。请求和响应消息都可以传送一个实体。典型的实体报头有以下四种。

① Content-Encoding：用作媒体类型的修饰符，它的值指示了已经被应用到实体正文的附加内容的编码。要获得 Content-Type 报头中所引用的媒体类型，必须采用相应的解码机制。

② Content-Language：描述了资源所用的自然语言。若没有设置该选项，则认为实体内容将提供给所有的语言阅读。

③ Content-Length：用于指明实体正文的长度，用以字节方式存储的十进制数来表示。

④ Last-Modified：用于指示资源的最后修改日期和时间。

3）空行

最后一个请求头之后是一个空行，发送回车符和换行符，通知服务器以下不再有请求头。

4）数据

对于请求报文，数据不在 GET 方法中使用，而是在 POST 方法中使用。POST 方法适用于需要客户填写表单的场合。与请求数据相关、最常使用的请求头是 Content-Type 和 Content-Length。

对于响应报文，数据即响应正文，是服务器返回的资源的内容。

2．基于 HTTP 通信的常用类

在 Android 中，基于 HTTP 的通信主要涉及 URL、URLConnection、HttpURLConnection 及 HttpClient 类的使用。

URL（Uniform Resource Locator）类代表统一资源定位器，它是指向互联网“资源”的指针。资源既可以是简单的文件或目录，也可以是对更为复杂的对象引用，例如对数据库或搜索引擎的查询。通常，URL 可以由协议名、主机、端口和资源组成。URL 提供了多个构造方法用于创建 URL 对象。

- public URL(String url); //根据指定的 url 创建 URL。
- public URL(URL context, String relativeURL); //根据指定的上下文和相对 url 创建 URL。
- public URL (String protocol , String host, String file); //根据指定的协议、主机和文件创建 URL。
- public URL (String protocol, String host, int port, String file); //根据指定协议、主机、端口号和 file 创建 URL。

在得到 URL 对象之后，可以调用以下方法访问该 URL 对应的资源。

- String getFile()：获取该 URL 的资源名。
- String getHost()：获取该 URL 的主机名。
- String getPath()：获取该 URL 的路径部分。
- int getPort()：获取该 URL 的端口号。
- String getProtocol()：获取该 URL 的协议名称。
- String getQuery()：获取该 URL 的查询字符串部分。
- InputStream openStream()：打开与该 URL 的连接，并返回一个用于读取该 URL 资源的 InputStream。
- URLConnection openConnection()：返回一个 URLConnection 对象，它表示到 URL 所引用的远程对象的连接。

URLConnection 表示应用程序和 URL 之间的通信连接，可以用来对由 URL 引用的资源进行读取和写入操作。

HttpURLConnection 继承自 URLConnection，可用于向指定网站发送 GET 或 POST 请求。它在 URLConnection 的基础上提供了以下便捷方法。

- int getResponseCode()：获取服务器的响应代码。
- String getResponseMessage()：获取服务器的响应消息。
- String getResponseMethod()：获取发送请求的方法。
- void setRequestMethod(String method)：设置发送请求的方法。

URLConnection 与 HttpURLConnection 都是抽象类，无法直接实例化对象。其对象主要通过 URL 的 openConnection()方法获得。

在一般情况下，如果只是需要 Web 站点的某个简单页面提交请求并获取服务器响应，则 HttpURLConnection 完全可以胜任。但在绝大多数情况下，Web 站点的网页可能没这么简单，这些页面并非通过一个简单的 URL 就可访问，可能需要用户登录且具有相应的权限才可访问该页面。在这种情况下，就涉及 Session、Cookie 的处理了，如果打算使用 HttpURLConnection 来处理这些细节，也是可能实现的，只是处理起来难度较大。为了更好地处理向 Web 站点请求，包括处理 Session、Cookie 等细节问题，Apache 开源组织提供了一个 HttpClient 项目。看它的名称就知道，它是一个简单的 HTTP 客户端（并不是浏览器），可以用于发送 HTTP 请求，接收 HTTP 响应，但不会缓存服务器的响应，不能执行 HTML 页面中嵌入的 JavaScript 代码；也不会对页面内容进行任何解析、处理。

3. 使用 HttpURLConnection 获取网络文件内容

使用 HttpURLConnection 获取网络文件内容的基本步骤如下。

（1）创建一个 URL 对象。

```
URL url = new URL("http://www.baidu.com");
```

（2）利用 HttpURLConnection 对象从网络中获取网页数据。

```
HttpURLConnection conn = (HttpURLConnection) url.openConnection();
```

（3）设置连接超时。

```
conn.setConnectTimeout(6*1000);
```

（4）进行连接。

```
conn.connect();
```

（5）对响应码进行判断。

```
if (conn.getResponseCode() != 200) throw new RuntimeException("
请求 url 失败");
```

（6）得到网络返回的输入流。

```
InputStream is = conn.getInputStream();
```

（7）读取数据。

```
ByteArrayOutputStream baos = new ByteArrayOutputStream();
byte[] buffer = new byte[256];
int len = 0;
while ((len = in.read(buffer)) != -1) {
    baos.write(buffer, 0, len);
}
String str = baos.toString();
```

（8）断开连接。

```
conn.disconnect();
```

如果要下载文件，只需一边读取数据，一边往文件中写数据。

4. 使用 HttpURLConnection 下载图像

下载图像与读取文件内容差不多，只是在得到输入流后，通过

BitmapFactory 的 decodeStream()方法转换为 Bitmap。转换的语句如下所示：

```
Bitmap bitmap = BitmapFactory.decodeStream(is);
```

5. 使用 HttpClient 发送请求

使用 HttpClient 发送请求，可以采用 GET 方法，也可以采用 POST 方法。采用 GET 方法时，请求参数和对应的值附加在 URL 后面，利用一个问号（?）代表 URL 的结尾与请求参数的开始。POST 方法要求被请求服务器接收附在请求后面的数据，常用于提交表单。当客户端给服务器提供的信息较多时可以使用 POST 方法。POST 方法将请求参数封装在 HTTP 请求数据中，以名称值的形式出现，可以传输大量数据。

使用 HttpClient 发送请求、接收响应一般需要以下步骤。

（1）创建 HttpClient 对象。

（2）如果需要发送 GET 请求，则创建 HttpGet 对象；如果需要发送 POST 请求，则创建 HttpPost 对象。

（3）如果需要发送请求参数，对 HttpGet 对象而言，可以将参数写在 url 里；对于 HttpPost 对象而言，可以调用 setEntity(HttpEntity entity)方法设置请求参数。

（4）如果需要传递 sessionID，可以调用 setHeader()方法设置 Cookie。

（5）调用 HttpClient 对象的 execute(HttpUriRequest request)方法发送请求，执行该方法返回一个 HttpResponse。

（6）调用 HttpResponse 的 getEntity()方法可获取 HttpEntity 对象，该对象包装了服务器的响应内容。程序可通过该对象获取服务器的响应内容。

（7）调用 HttpClient 对象的 getCookieStore().getCookies()方法获得所有

Cookie，再从其中获得 sessionID。

```
    //创建 request
    private HttpUriRequest createRequest(String method, String url,
Map<String,String> params) throws UnsupportedEncodingException {
        if(method.equals("GET")||method.equals("get")){
            HttpGet request = new HttpGet(url);
            return request;
        }
        else{
            HttpPost request = new HttpPost(url);
            if (params != null) {
               List<NameValuePair> nvps = new ArrayList<NameValuePair>();
               for (String key:params.keySet()){
                   nvps.add(new BasicNameValuePair(key, params.get
               (key)));
               }
               request.setEntity(new UrlEncodedFormEntity(nvps, HTTP.
           UTF_8));
             }
            return request;
        }
    }
    //发送请求，获得响应结果 HttpEntity
    public HttpEntity httpRequest(String method, String url,
Map<String, String> params) throws Exception {
        HttpEntity entity=null;
        HttpUriRequest request=createRequest(method, url, params);
        int timeoutConnection = 3000;
        int timeoutSocket = 5000;
        HttpParams httpParameters = new BasicHttpParams();
        HttpConnectionParams.setConnectionTimeout(httpParameters,
    timeoutConnection);
        HttpConnectionParams.setSoTimeout(httpParameters, time
    outSocket);
        //第一次一般是还未被赋值,.若有值则将 SessionId 发给服务器
```

```
        if (null != JSESSIONID) {
            request.setHeader("Cookie", "JSESSIONID=" + JSESSIONID);
    //JSESSIONID 是类中定义的静态变量
        }
        DefaultHttpClient   httpClient   =   new   DefaultHttpClient
(httpParameters);
        //获得响应对象
        HttpResponse response = httpClient .execute(request);
        //判断是否请求成功
        if (response.getStatusLine().getStatusCode() == 200) {
            entity = response.getEntity();
            List<Cookie> cookies = httpClient.getCookieStore(). get
    Cookies();
            for (int i = 0; i < cookies.size(); i++) {
                if ("JSESSIONID".equals(cookies.get(i).getName())) {
                    sessionCookie = cookies.get(i); //sessionCookie 为
                类定义的静态变量
                    JSPSESSID = sessionCookie.getValue();
                    break;
                }
            }
        }
        return entity;
    }
    //请求 HTTP 获得 Java 对象
    public Object query(String method, String url, Map<String,
String> params) {
        Object result = null;
        try {
            HttpEntity entity = httpRequest(method, url, params);
            InputStream in = entity.getContent();
            ObjectInputStream oin = new ObjectInputStream(in);
            result = oin.readObject();
            return result;
        } catch (Exception e1) {
            e1.printStackTrace();
            return result;
        }
```

```
    }
    //请求 HTTP 获得字符串
    public String queryString(String method, String url, Map<String,
String> params) {
        String result = null;
         try {
            HttpEntity entity = httpRequest(method, url, params);
            result = EntityUtils.toString(entity);
            return result;
        } catch (Exception e1) {
            e1.printStackTrace();
            return result;
        }
    }

    public static void syncCookieToWebView(String url, Context cxt) {
        CookieSyncManager.createInstance(cxt);
        CookieManager cookieManager = CookieManager.getInstance();
        cookieManager.setAcceptCookie(true);
        cookieManager.removeSessionCookie();// 移除
        String cookieStr = "JSESSIONID=" + cookie.getValue() + "; ";
        cookieManager.setCookie(BASE_URL, cookieStr);
        CookieSyncManager.getInstance().sync();
    }
```

3.1.3 基于 SOAP 的网络通信

1. SOAP 简介

SOAP（Simple Object Access Protocol，简单对象访问协议）是一种标准化通信规范，主要用于 Web 服务（Web Service）。SOAP 的出现可以使 Web 服务器（Web Server）从 XML 数据库中提取数据时，无须花时间去格式化页面，并能够让不同应用程序之间通过 HTTP，以 XML 格式互相交换彼此的数据，使这个交换过程与编程语言、平台和硬件无关。此标准由 IBM、Microsoft、UserLand 和 DevelopMentor 在 1998 年共同提出，并得到 IBM、Lotus（莲花）、

Compaq（康柏）等公司的支持，于 2000 年提交给万维网联盟（World Wide Web Consortium，W3C）。

- SOAP 基于 XML 标准，用于在分布式环境中发送消息，并执行远程过程调用。使用 SOAP，不用考虑任何特定的传输协议（尽管通常选用 HTTP），就能使数据序列化。
- SOAP 是可扩展的。SOAP 无须中断已有的应用程序，SOAP 客户端、服务器和协议自身都能发展。而且，SOAP 能极好地支持中间介质和层次化的体系结构。
- SOAP 是简单的。客户端先发送一个请求，调用相应的对象，然后服务器返回结果。这些消息是 XML 格式的，并且封装成符合 HTTP 的消息。因此，它符合任何路由器、防火墙或代理服务器的要求。
- SOAP 与厂商无关。SOAP 可以相对于平台、操作系统、目标模型和编程语言独立实现。另外，传输和语言绑定及数据编码的参数选择都是由具体的实现决定的。
- SOAP 与编程语言无关。SOAP 可以使用任何语言来完成，只要客户端发送正确的 SOAP 请求（也就是说，传递一个合适的参数给一个实际的远端服务器）。SOAP 没有对象模型，应用程序可以捆绑在任何对象模型中。

SOAP 使用 Internet 应用层协议作为其传输协议。SMTP 和 HTTP 都可以用来传输 SOAP 消息，SOAP 也可以通过 HTTPS 传输。

一条 SOAP 消息就是一个普通的 XML 文档，包含下列元素。

- 必需的 Envelope 元素：可把此 XML 文档标识为一条 SOAP 消息。
- 可选的 Header 元素：包含头部信息。

- 必需的 Body 元素：包含所有的调用和响应信息。
- 可选的 Fault 元素：提供有关在处理此消息时发生错误的信息。

SOAP 消息的重要的语法规则如下。

- SOAP 消息必须使用 XML 来编码。
- SOAP 消息必须使用 SOAP Envelope 命名空间。
- SOAP 消息必须使用 SOAP Encoding 命名空间。
- SOAP 消息不能包含 DTD 引用。
- SOAP 消息不能包含 XML 处理指令。

请求时发送的消息内容如下。

```
<?xml version="1.0"?>
<soap:Envelope
  xmlns:soap="http://www.w3.org/2001/12/soap-envelope"
  soap:encodingStyle="http://www.w3.org/2001/12/soap-encoding">
   <soap:Header>
     …
   </soap:Header>
   <soap:Body>
     …
   <soap:Fault>
     …
   </soap:Fault>
   </soap:Body>
</soap:Envelope>
```

2. 访问 Web Service

Web Service 是一种基于 SOAP 的以实现远程调用的分布式计算方式。利用 Web Service 可以将不同操作系统平台、不同语言、不同技术开发的应用整合到一起，具有非常广阔的应用前景。但是，在 Android SDK 中并没有提供调用 Web Service 的库。因此，为了实现在 Android 平台上访问 Web Service 的功能，需要借助第三方类库来实现。

Android 平台上常用来访问 Web Service 的软件包是 ksoap2-android。ksoap2-adroid 是一个开源项目，为 Android 平台提供给了一个轻量级的且高效的 SOAP 库。利用 ksoap2-android 在 Android 平台上调用 Web Service 的步骤如下。

（1）实例化 SoapObject 对象，指定 Web Service 的命名空间及调用方法的名称。

```
    SoapObject req = new SoapObject(nameSpace,methodName);
```

（2）设定方法的参数值（可选，如果调用方法无参数，则可省略）。

```
    req.addProperty(paramName,value);
```

（3）生成用于调用方法的 SOAP 序列化包装对象（并设置 SOAP 的版本号）。

```
    SoapSerializationEnvelope ssEvelope =new SoapSerialization
Envelope(SoapEnvelope.VER11);
    ssEvelope.bodyOut = req; //将 SoapObject 对象送给 bodyOut 属性
```

（4）创建 HttpTransportSE 对象。利用 HttpTransportSE 类的构造方法设置 Web Service 的 WSDL 的 URL，代码如下。

```
    HttpTransportSE trans = new HttpTransportSE(URL);
```

（5）使用 call 方法调用 Web Service，代码如下。

```
    trans.call(nameSpace+methodName, ssEvelope);
```

（6）使用 getResponse 方法获得 Web Service 的返回结果，代码如下。

```
    SoapObject soapResult = (SoapObject)ssEvelope.getResponse();
```

或

```
SoapObject result = (SoapObject)envelope.bodyIn;
```

（7）从 SoapObject 中获得数据。例如：

```
detail = (SoapObject)result.getProperty("getWeatherbyCityName
Result");
```

3. 访问 Web Service 的实例

在智能家居控制终端需要查询天气，以显示给用户。其实现的具体过程为：从客户端获取用户输入的城市名称，将城市名称打包成符合 SOAP 的查询消息，把查询信息发送给提供 SOAP 天气服务的服务器；服务器内部进行操作之后，返回给客户端查询城市的天气信息，该信息以 SOAP 格式返回，客户端对其进行解析之后显示给用户。

访问 www.webxml.com.cn，通过调用 getWeatherbyCityName ()方法查询天气。该方法的参数为城市中文名称或城市代码；返回一个一维数组 String(22)，共有 23 个元素。

- 从 String(0)到 String(4)：省份，城市，城市代码，城市图片名称，最后更新时间。
- 从 String(5)到 String(11)：当天的气温，概况，风向和风力，天气趋势开始图片名称（以下称为图标一），天气趋势结束图片名称（以下称为图标二），现在的天气实况，天气和生活指数。
- 从 String(12)到 String(16)：第二天的气温，概况，风向和风力，图标一，图标二。
- 从 String(17)到 String(21)：第三天的气温，概况，风向和风力，图标一，图标二。

- String(22)：城市或地区的介绍。

```
//获取指定城市的天气信息，参数 cityName 为指定的城市名称
public void getWeather(String cityName) {
    try {
        //新建 SoapObject 对象
        SoapObject rpc = new SoapObject(NAMESPACE, METHOD_ NAME);
        //给 SoapObject 对象添加属性
        rpc.addProperty("theCityName", cityName);
        //创建 HttpTransportSE 对象，并指定 WebService 的 WSDL 文档的 URL
        HttpTransportSE  ht = new HttpTransportSE(URL);
        //设置 debug 模式
        ht.debug = true;
        //获得序列化的 envelope
        SoapSerializationEnvelope envelope = new SoapSerializat
    ionEnvelope(SoapEnvelope.VER11);
        //设置 bodyOut 属性的值为 SoapObject 对象 rpc
        envelope.bodyOut = rpc;
        //指定 Web Service 的类型为 dotNet
        envelope.dotNet = true;
        envelope.setOutputSoapObject(rpc);
        //使用 call 方法调用 Web Service 方法
        ht.call(SOAP_ACTION, envelope);
        //获取返回结果
        SoapObject result = (SoapObject) envelope.bodyIn;
        //使用 getResponse 方法获得 Web Service 方法的返回结果
        detail = (SoapObject) so.getProperty(0);
        System.out.println("detail" + detail);
        //解析返回的数据信息为 SoapObject 对象，对其进行解析
        parseWeather(detail);
        return;
    } catch (Exception e) {
            e.printStackTrace();
    }
}
//解析 SoapObject 对象
```

```
    private void parseWeather(SoapObject detail) throws Unsupported
EncodingException {
        //获取日期
        String date = detail.getProperty(6).toString();
        //获取天气信息
        weatherToday = "今天：" + date.split(" ")[0];
        weatherToday = weatherToday + " 天气：" + date.split(" ")[1];
        weatherToday = weatherToday + " 气温：" + detail.getPrope
    rty(5).toString() ;
        weatherToday = weatherToday + " 风力：" + detail.getPrope
    rty(7).toString()+ " ";
        System.out.println("weatherToday is " + weatherToday);
        cityMsgView.setText(weatherToday); //显示到cityMsgView控件上
    }
```

3.2 网络通信安全

SSL（Secure Socket Layer，安全套接字层）/TLS（Transport Layer Security，传输层安全）协议利用密码算法在互联网上提供端点身份认证和通信保密，完全基于 PKI，有较高的安全性。因此，SSL/TLS 协议成了最常用的网络传输层安全保密通信协议，众多电子邮件、网银、网上传真都通过 SSL/TLS 协议确保数据传输安全。为了实现网络通信安全，以保证家庭智能设备的安全使用和隐私保护，采用 SSL/TLS 协议通信是必要的。

3.2.1 SSL/TLS 协议简介

SSL/TLS 协议是最常用的安全协议。SSL 协议由 Netscape（网景）公司研发，位于 TCP/IP 参考模型中的网络传输层，作为网络通信提供安全及数据完整性的一种安全协议。TLS 协议是基于 SSL 协议之上的通用化协议，它同样位于 TCP/IP 参考模型中的网络传输层，作为 SSL 协议的继承者，成为下一代网络安全性和数据完整性安全协议。最新版本的 TLS 协议建立在 SSL 3.0 协议规范之上，是 SSL 3.0 协议的后续版本。TLS 协议的主要目标是使 SSL 协议更安全，并使协议的规范更精确和完善，通常我们提到的 SSL/TLS 协议指的是 SSL3.0 或 TLS1.0 的网络传输层安全协议。

SSL/TLS 协议的基本思路是采用公钥加密法，也就是说，客户端先向服务器端索要公钥，然后用公钥加密信息，服务器收到密文后，用自己的私钥解密。

SSL/TLS 协议可分为两层：

（1）SSL/TLS 记录协议（SSL/TLS Record Protocol），它建立在可靠的传输层协议（如 TCP）之上，为上层协议提供数据封装、压缩、加密等基本功能。

（2）SSL/TLS 握手协议（SSL/TLS Handshake Protocol），它建立在 SSL/TLS 记录协议之上，用于在实际的数据传输开始前，通信双方进行身份认证、协商加密算法、交换加密密钥等初始化协商功能。

SSL/TLS 协议提供的服务主要有：

（1）认证用户和服务器，确保数据发送到正确的客户端和服务器。

（2）加密数据以防止数据中途被窃取。

（3）维护数据的完整性，确保数据在传输过程中不被改变。

SSL/TLS 协议的基本过程如下。

（1）客户端向服务器端索要并验证公钥。

（2）双方协商生成“对话密钥”。

（3）双方采用“对话密钥”进行加密通信。

上述基本过程的前两步又称为“握手阶段”（Handshake）。“握手阶段”涉及四次通信。

1．客户端发出请求（ClientHello）

客户端先向服务器发出加密通信的请求，这称为 ClientHello 请求。在这一步，客户端主要向服务器提供以下信息。

- 支持的协议版本，如 TLS 1.0 版本。
- 一个客户端生成的随机数，稍后用于生成“对话密钥”。
- 支持的加密方法，如 RSA 公钥加密。
- 支持的压缩方法。

这里需要注意的是，在客户端发送的信息中不包括服务器的域名。也就是说，理论上，服务器只能包含一个网站，否则会分不清应该向客户端提供哪个网站的数字证书。这就是通常一台服务器只能有一张数字证书的原因。对于虚拟主机的用户来说，这当然很不方便。2006 年，TLS 协议加入了一个 Server Name Indication 扩展，允许客户端向服务器提供它所请求的域名。

2．服务器回应（ServerHello）

服务器收到客户端请求后，向客户端发出回应，这称为 ServerHello。服务器的回应包含以下内容。

- 确认使用的加密通信协议版本，如 TLS 1.0 版本。如果浏览器与服务器支持的版本不一致，服务器关闭加密通信。
- 一个服务器生成的随机数，稍后用于生成“对话密钥”。
- 确认使用的加密方法，如 RSA 公钥加密。

- 服务器证书。

除了上面这些信息，如果服务器需要确认客户端的身份，就会再包含一项请求，要求客户端提供“客户端证书”。例如，金融机构往往只允许认证客户连入自己的网络，就会向正式客户提供 USB 密钥，里面就包含了一张客户端证书。

3. 客户端回应

客户端收到服务器回应以后，首先验证服务器证书。如果证书不是由可信机构颁布的，或者证书中的域名与实际域名不一致，或者证书已经过期，就会向访问者显示一个警告，由其选择是否还要继续通信。

如果证书没有问题，客户端就会从证书中取出服务器的公钥。然后，向服务器发送下面三项信息。

- 一个随机数。该随机数用服务器公钥加密，防止被窃听。
- 编码改变通知，表示随后的信息都用双方商定的加密方法和密钥发送。
- 客户端握手结束通知，表示客户端的握手阶段已经结束。这一项同时也是前面发送的所有内容的 hash 值，用来供服务器校验。

上面第一项的随机数，是整个握手阶段出现的第三个随机数，又称“pre master key”。有了它以后，客户端和服务器就同时有了三个随机数，接着双方就用事先商定的加密方法，各自生成本次会话所用的同一把“会话密钥”。不管是客户端还是服务器，都需要随机数，这样生成的密钥才不会每次都一样。由于 SSL 协议中证书是静态的，因此十分有必要引入一种随机因素来保证协商出来的密钥的随机性。

此外，如果前一步，服务器要求客户端证书，客户端会在这一步发送证书及相关信息。

4. 服务器的最后回应

服务器收到客户端的第三个随机数 pre master key 之后，先计算生成本次会话所用的“会话密钥”。然后，向客户端最后发送下面信息。

- 编码改变通知，表示随后的信息都将用双方商定的加密方法和密钥发送。
- 服务器握手结束通知，表示服务器的握手阶段已经结束。这一项同时也是前面发送的所有内容的 hash 值，用来供客户端校验。

至此，整个握手阶段全部结束。接下来，客户端与服务器进入加密通信，完全使用普通的 HTTP，只不过用“会话密钥”加密内容。

从协议使用方式来看，可以分成以下两种类型。

（1）SSL/TLS 协议单向认证：用户与服务器之间只存在单方面认证，即客户端会认证服务器端身份，而服务器端不会对客户端身份进行验证。首先，客户端发起握手请求，服务器端收到握手请求后，会选择适合双方的协议版本和加密方式；然后，再将协商的结果和服务器端的公钥一起发送给客户端。客户端利用服务器端的公钥，对要发送的数据进行加密，并发送给服务器端；服务器端收到后，会用本地私钥对收到的客户端加密数据进行解密。之后，通信双方都会使用这些数据来产生双方之间通信的加密密钥。接下来，双方就可以开始安全通信过程。

（2）SSL/TLS 协议双向认证：双方都会互相认证，即两者之间会交换证书。双向认证的基本过程和单向认证完全一样，只是在协商阶段多了几个步骤。首先，在服务器端将协商的结果和服务器端的公钥一起发送给客户端后，会请求客户端的证书，客户端会将证书发送给服务器端。然后，在客户端给服务器端发送加密数据后，客户端会将私钥生成的数字签名发送给服务器端。服务器端会用客户端证书中的公钥来验证数字签名的合法性。建立握手之后的过程与单向认证一样。

3.2.2　SSL/TLS 协议涉及的一些概念

除了以上的基本流程，对 SSL/TLS 协议的一些概念需要在此加以说明。

Key：Key（密钥）是一个比特（bit）字符串，用于加密/解密数据，就像一把开锁的钥匙。

对称算法（Symmetric Cryptography）：是双方使用相同的密钥来加密和解密消息的算法。常用的对称算法有 Data Encryption Standard（DES）、triple:strength DES（3DES）、Rivest Cipher 2（RC2）和 Rivest Cipher 4（RC4）。因为对称算法的效率相对较高，所以 SSL 会话中的敏感数据都用该算法加密。

非对称算法（Asymmetric Cryptography）：是双方使用不同的密钥来加密和解密消息的算法。该算法采用一组相互配对的密钥对（由公钥/私钥组成的密钥对 Key-pair）分别进行加密和解密”，公钥传递给对方，自己保留私钥。公钥/私钥算法是互逆的：一个用来加密，另一个用来解密。常用的非对称算法有 Rivest Shamir Adleman（RSA）、Diffie-Hellman（DH）。非对称算法的计算量大、速度较慢，因此仅适用于少量数据加密，如对密钥加密，而不适合大量数据的通信加密。

公钥证书（Public-Key Certificate，PKC）：公钥证书类似数字护照，记录着主体（证书的接受者）信息（如姓名、组织、邮箱地址等信息）和公钥，并由证书颁发机构（Certificate Authority，CA）签名和颁发。证书颁发机构的数字签名用来证实主体的公钥和主体信息之间绑定关系的有效性。证书还可以从一个证书颁发机构颁发给另一个证书颁发机构，以便创建证书层次结构。根证书由世界范围受信组织（包括 VeriSign、Entrust 和 GTE CyberTrus 等）颁发。

加密哈希功能（Cryptographic Hash Functions）：加密哈希功能与 Checksum

功能相似。不同之处是，Checksum 用来侦测意外的数据变化，而加密哈希功能用来侦测故意的数据篡改。数据被哈希加密后产生一个小的比特字符串，微小的数据改变将导致哈希串的变化。发送加密数据时，SSL 会使用加密哈希功能来确保数据一致性，用来阻止第三方破坏通信数据完整性。SSL 常用的加密哈希算法有 Message Digest 5（MD5）和 Secure Hash Algorithm（SHA）。

消息认证码（Message Authentication Code）：消息认证码与加密哈希功能相似，除了它需要基于密钥。密钥信息与加密哈希功能产生的数据结合就是哈希消息认证码（HMAC）。如果 A 要确保给 B 发的消息不被 C 篡改，他应按如下步骤做：A 首先要计算出一个 HMAC 值，将其添加到原始消息后面；用 A 与 B 之间通信的密钥加密消息体，然后发送给 B。B 收到消息后先用密钥解密，然后重新计算出一个 HMAC 值，来判断消息是否在传输中被篡改。SSL 用 HMAC 来保证数据传输的安全。

数字签名（Digital Signature，又称公钥数字签名、电子签章）：数字签名是只有信息发送者才能产生的他人无法伪造的一段数字串，这段数字串同时也是对信息发送者发送的信息真实性的一个有效证明。它是一种类似于写在纸上的普通的物理签名，但使用公钥加密领域的技术来实现、用于鉴别数字信息的方法。一套数字签名通常定义两种互补的运算：一个用于签名，另一个用于验证。

3.2.3 基于 SSL/TLS 协议的网络通信

1. 准备数字证书

数字证书（Digital Certificate）也称为电子证书，是 SSL 协议的基础，具备常规加密/解密必要的信息，包含签名算法，用于网络数据加密/解密交互，标识网络用户（计算机）身份。数字证书为发布公钥提供了一种简便的途径，数字证书是加密算法及公钥的载体。数字证书需由数字证书颁发认证机构（Certificate Authority，CA）签发，只有经过 CA 签发的证书在网络中才具备认证性。要获得数字证书，需使用数字证书管理工具（如 KeyTool 或 OpenSSL）构建 CSR（Certificate Signing Request，数字证书签发申请），交由 CA 机构签发，形成最终的数字证书。这里为了测试实现方案，我们用 KeyTool 创建自签名的证书。KeyTool 是 Java 中的数字证书管理工具，用于数字证书的申请、导入、导出和撤销等操作。

Android 要求提供 BC 证书，而 Java 的 KeyTool 本身不提供 BKS 格式，因此需使用 Bouncy Castle 库。Bouncy Castle 库是一种用于 Java 平台的开放源码的轻量级密码术包，它支持大量的密码术算法，并提供 JCE 1.2.1 的实现。若想使用 Bouncy Castle，可到其官网（http://bouncycastle.org/download）去下载。例如，下载得到 bcprov-ext-jdk16-146.jar 文件。将该文件复制到 jdk_home\jre\lib\ext 下，并在 jdk_home\jre\lib\security\目录中找到 java.security 文件，增加如下一行。

```
security.provider.11=org.bouncycastle.jce.provider.BouncyCastle Provider
```

配置好之后，具体制作证书的步骤如下。

（1）生成服务器证书库。

```
keytool -genkey -dname "cn=ysl,ou=bigc,o=edu,c=CN" -alias skks -keypass 123456 -keystore g:\skks.jks -storepass 123456 -validity 360 -keyalg RSA -keysize 1024 -v
```

（2）从服务器证书库中导出服务器证书。

```
keytool -exportcert -alias skks -keystore g:\skks.jks -file g:\skks.crt -storepass 123456 -v
```

（3）生成客户端证书库。

```
keytool -genkey -dname "cn=ysl,ou=bigc,o=edu,c=CN" -alias ckks -keypass 123456 -keystore g:\ckks.bks -storepass 123456 -validity
```

```
360 -keyalg RSA -keysize 1024 -v -storetype BKS -provider
org.bouncycastle.jce.provider.BouncyCastleProvider
```

（4）从客户端证书库中导出客户端证书。

```
    keytool -exportcert -alias ckks -keystore g:\ckks.bks -file
g:\ckks.crt -storepass 123456 -v -storetype BKS -provider
org.bouncycastle.jce.provider.BouncyCastleProvider
```

（5）将客户端证书导入服务器端证书库（使服务器端信任客户端证书）。

```
    keytool -importcert -alias ckks -keystore g:\skks.jks -file
g:\ckks.crt -storepass 123456 -v
```

（6）将服务器端证书导入客户端证书库（使客户端信任服务器端证书）。

```
    keytool -importcert -alias skks -keystore g:\ckks.bks -file
g:\skks.crt -storepass 123456 -v -storetype BKS -provider
org.bouncycastle.jce.provider.BouncyCastleProvider
```

2. 基于 SSLSocket 通信

SSLSocket 扩展 Socket 并提供使用 SSL 或 TLS 协议的安全套接字。这种套接字是正常的流套接字，但它们在基础网络传输协议（如 TCP）上添加了安全保护层。

与 SSLSocket 相关的类如图 3-2 所示。

（1）SSLContext：此类的实例表示安全套接字协议的实现，它是 SSLSocketFactory、SSLServerSocketFactory 和 SSLEngine 的工厂。

（2）SSLSocket：扩展自 Socket。

（3）SSLServerSocket：扩展自 ServerSocket。

（4）SSLSocketFactory：抽象类，扩展自 SocketFactory，是 SSLSocket 的工厂。

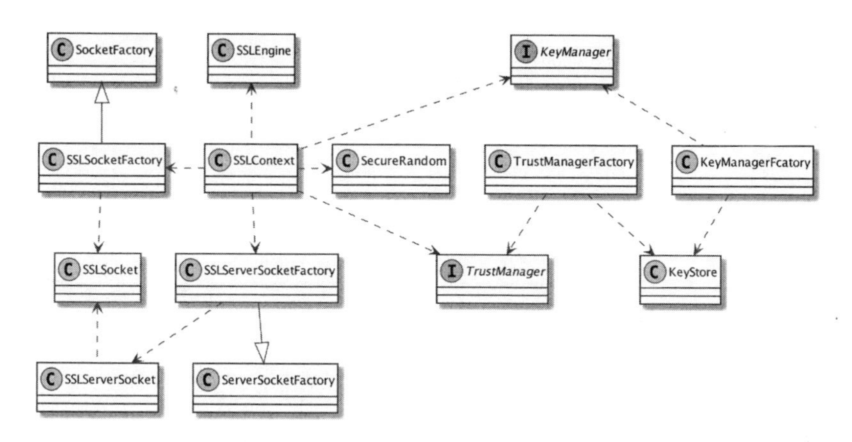

图 3-2　与 SSLSocket 相关的类

（5）SSLServerSocketFactory：抽象类，扩展自 ServerSocketFactory，是 SSLServerSocket 的工厂。

（6）KeyStore：表示密钥和证书的存储设施。

（7）KeyManager：接口，JSSE 密钥管理器。

（8）TrustManager：接口，信任管理器。

（9）X590TrustedManager：TrustManager 的子接口，管理 X509 证书，验证远程安全套接字。

基于 SSLSocket 的通信编程的步骤如下。

（1）获取 SSLContext。

```
SSLContext sslContext = SSLContext.getInstance();
```

（2）获取密钥管理器工厂和信任管理器工厂。

```
KeyManagerFactory keyManager = KeyManagerFactory.getInstance
("TLS");
TrustManagerFactory trustManager = TrustManagerFactory.getIns
tance("TLS");
```

（3）取得 BKS 密钥库实例。

```
    KeyStore kks = KeyStore.getInstance("BKS");
    KeyStore tks = KeyStore.getInstance("BKS");
```

（4）通过读取资源文件的方式读取密钥和信任证书。

```
    kks.load(context.getResources().openRawResource(keystore), key
password.toCharArray());
    tks.load(context.getResources().openRawResource(truststore),
trustpassword.toCharArray());
```

（5）初始化密钥管理器工厂。

```
    keyManager.init(kks, keypassword.toCharArray());
    trustManager.init(tks);
```

（6）初始化 SSLContext。

```
    sslContext.init(keyManager.getKeyManagers(), trustManager.get
TrustManagers(), null);
```

（7）通过 SSLContext 取得 SSLSocketFactory 或 SSLServerSocketFactory。

```
    SSLSocketFactory  sslSocketFactory  =  sslContext.getSocket
Factory();
    SSLServerSocketFactory  sslServerSocketFactory = sslContext.
getServerSocketFactory();
```

（8）利用 SSLContext 产生的 SSLSocket 或 SSLServerSocket 进行通信。

```
    SSLSocket  sslSocket  =  (SSLSocket)  sslSocketFactory.create
Socket(ip, port);
    SSLServerSocket  sslServerSocket = sslServerSocketFactory.cre
ateServerSocket(port);
```

3. HTTPS 通信

HTTPS（Hyper Text Transfer Protocol over Secure Socket Layer，基于安全

套接字层的超文本传输协议）是以安全为目标的 HTTP 通道，是 HTTP 的安全版，即在 HTTP 下加入 SSL/TLS 层，HTTPS 的安全基础是 SSL/TLS 协议。

这里主要讨论如何利用 HttpClient 访问 HTTPS。Android 使用 DefaultHttpClient 建立 HTTPS 连接，需要加入对 HTTPS 的支持。为此，要对原来的 DefaultHttpClient 对象进行设置，主要对它的连接管理者注册请求模式。新的请求模式采用 HTTPS、SSL 套接子工厂及 8443 端口。例如：

```
    KeyStore tks = KeyStore.getInstance("BKS");
    tks.load(context.getResources().openRawResource(R.raw.ckks),
"123456".toCharArray()); //参数为信任证书库和密码
    HostnameVerifier hostnameVerifier = org.apache.http.conn.ssl.
SSLSocketFactory.ALLOW_ALL_HOSTNAME_VERIFIER;
    SSLSocketFactory ssf = new SSLSocketFactory(SSLSocketFactory.TLS,
null, null, tks, null, null);
    ssf.setHostnameVerifier((X509HostnameVerifier) hostnameVerifier);
    Scheme sch = new Scheme("https", ssf, 8443);
    httpClient.getConnectionManager().getSchemeRegistry().regist
er(sch);
```

当访问 HTTPS 时，认证方案有单向验证和双向验证。客户端可以决定是否验证服务器，而服务器端可以选择是否验证客户端。如果双方都选择验证，则是双向验证；如果有一方选择不验证，则是单向验证。

上述代码实现的是单向验证：客户端验证服务器身份，服务器不验证客户端身份。因此，客户端建立 SSLSocketFactory 对象时，只需指定协议和信任库。使用 Tomcat 作为服务器，服务器端的配置如下。

```
    <Connector port="8443" SSLEnabled="true" protocol="org.apache.
coyote.http11.Http11Protocol" maxThreads="150" scheme="https" secure=
"true" clientAuth="false" sslProtocol="TLS" keystoreFile="g:\skks.
jks"keystorePass="123456"/>
```

如果采用双向验证，客户端建立 SSLSocketFactory 对象时，需指定协议、证书库、信任库。

```
    KeyStore kks = KeyStore.getInstance("BKS");
    kks.load(context.getResources().openRawResource(R.raw.ckks),
"123456".toCharArray()); //参数为信任证书库和密码
    KeyStore tks = KeyStore.getInstance("BKS");
    tks.load(context.getResources().openRawResource(R.raw.ckks),
"123456".toCharArray()); //参数为信任证书库和密码
    HostnameVerifier hostnameVerifier = org.apache.http.conn.ssl.
SSLSocketFactory.ALLOW_ALL_HOSTNAME_VERIFIER;
    SSLSocketFactory ssf = new SSLSocketFactory(SSLSocketFactory.TLS,
kks, "123456".toCharArray(), tks, null, null);
    ssf.setHostnameVerifier((X509HostnameVerifier) hostnameVerifier);
    Scheme sch = new Scheme("https", ssf, 8443);
    httpClient.getConnectionManager().getSchemeRegistry().regist
er(sch);
```

服务器端的配置如下。

```
    <Connector port="8443" SSLEnabled="true" protocol="org.apache.
coyote.http11.Http11Protocol" maxThreads="150" scheme="https" secure=
"true" clientAuth="true" sslProtocol="TLS" keystoreFile="g:\skks. jks"
keystorePass="123456" truststoreFile ="g:\skks.jks" truststorePass=
"123456"/>
```

4. Android 端使用 SSL 协议访问 Web Service

Android 端使用 SSL 协议访问 Web Service 需要 KeepAliveHttpsTransportSE 类。该类解决 Android 的 SSL 库遇到的问题，即证书和证书认证以某种方式搞乱了连接/再连接。它忽略“关闭”设置，使连接始终保持活动状态，并使用 HTTPS 连接。但该类的不方便之处是不能设置自己密钥库，因此需要扩展，使其能够使用自定义的套接字工厂，从而允许设置。

（1）扩展 KeepAliveHttpsTransportSE 类。

扩展 KeepAliveHttpsTransportSE 类，代码如下所示。

```
    public class MyKeepAliveHttpsTransportSE extends KeepAlive
HttpsTransportSE {
        private SSLSocketFactory sSLSocketFactory;
        public MyKeepAliveHttpsTransportSE(SSLSocketFactory sSLSocket
    Factory,String host, int port, String file, int timeout) {
            super(host, port, file, timeout);
            this.sSLSocketFactory = sSLSocketFactory;
        }
        protected ServiceConnection getServiceConnection() throws
    IOException {
            HttpsServiceConnectionSE conn = (HttpsServiceConnectionSE)
        super.getServiceConnection();
            conn.setSSLSocketFactory(sSLSocketFactory);
            return conn;
        }
    }
```

（2）建立 SSL 套接字工厂。

实现 SSL 通信的基础是 SSLSocket（SSL 套接字），这需要将 SSLSocket Factory（SSL 套接字工厂）传递给连接对象。建立 SSL 套接字工厂可借助 SSLContext。SSLContext 的初始化需要使用密钥库管理工厂、信任库管理工厂及随机数。

```
    KeyManagerFactory keyManagerFactory = KeyManagerFactory. get
Instance("X509");
    TrustManagerFactory trustManagerFactory = TrustManagerFactory.
getInstance("X509");
    KeyStore kks = KeyStore.getInstance(KeyStore.getDefaultType());
    KeyStore tks = KeyStore.getInstance(KeyStore.getDefaultType());
//取得 BKS 密钥库实例
    kks.load(getBaseContext().getResources().openRawResource(R.r
aw.ckks),keypassword.toCharArray());
    tks.load(getBaseContext().getResources().openRawResource(R.r
aw.ckks), trustpassword.toCharArray());
    keyManagerFactory.init(kks, "123456".toCharArray()); //初始化
私钥工厂
```

```
    trustManagerFactory.init(tks); //初始化信任列表工厂
    SSLContext sslContext = SSLContext.getInstance("TLS");
    //初始化 SSLContext
    sslContext.init(keyManagerFactory.getKeyManagers(),trustMana
gerFactory.getTrustManagers(), new SecureRandom());
    //通过 SSLContext 取得 SocketFactory
    SSLSocketFactory sslSocketFactory = sslContext.getSocket Fact
ory();
```

（3）设置连接默认主机名验证器。

```
    HostnameVerifier hostnameVerifier = new HostnameVerifier() {
        @Override
        public boolean verify(String hostname, SSLSession session) {
            return true;
        }
    };
    HttpsURLConnection.setDefaultHostnameVerifier(hostnameVerifier);
```

（4）使用 MyKeepAliveHttpsTransportSE 访问 WebService。

```
    MyKeepAliveHttpsTransportSE transport = new MyKeepAliveHtt
psTransportSE(sslSocketFactory,"192.168.1.100",8443,"/TestWebSer
vice/AAAA",3000);
    transport.call(serviceNameSpace + example, envelope);
```

上述连接采用了双向验证，因此服务器配置如下。

```
    <Connector port="8443" SSLEnabled="true" protocol="org.apache.
coyote.http11.Http11Protocol" maxThreads="150" scheme="https"
secure="true" clientAuth="true" sslProtocol="TLS" keystoreFile="g:\
skks.jks" keystorePass="123456" truststoreFile ="g:\skks.jks"
truststorePass="123456"/>
```

实际上，基于 SSL 的 HTTPS 使用的默认端口是 443。但是，Tomcat 在这里将 HTTPS 端口设置为 8443。

3.3　智能家居终端网络通信模块设计

3.3.1　智能家居系统的控制方式及类的结构

1. 智能家居系统的控制方式

通过对比、分析目前市场上现有的几种智能家居系统解决方案，本书采用流行的四层架构。该系统总体上分为四个部分：客户端、服务器、家庭网关、前端控制器。

客户端由用户操作，负责命令的发送；服务器作为客户端和家庭网关之间的桥梁，负责两者之间通信数据的转发；家庭网关从服务器或客户端接收命令后，转发至对应的前端控制器；前端控制器作为命令的最终执行者，对设备进行相应的控制操作。

智能家居系统的控制方式分为两种：一是用户使用家用 WiFi 网络连接家庭网关，再由家庭网关控制前端设备的内网控制方式；二是用户首先通过网络访问服务器，服务器查找用户所对应的家庭网关，然后再由网关控制前端设备的外网控制方式。

（1）内网控制。

移动终端通过 WiFi 向家庭网关发送控制指令，家庭网关接收控制指令后，将控制指令解析，并根据指令决定家庭网关是将指令转发给相应的前端控制器还是直接控制相应的家居电器工作，而分布在家居各个房间的前端控制器主要负责接收家庭网关发出的 RF 控制信号，并将信号解析成控制指令，用于控制前端控制器所在房间的家居电器工作。家居电器接收控制操作指令后，执行相关功能，并将家居设备状态信息返回到控制终端，从而实现智能手机或平板电脑对家居电器的实时智能控制。

（2）外网控制。

移动控制终端通过 3G 或者 4G 网络与服务器连接，实现与服务器的远程通信，由服务器负责找寻客户端账号所对应的家庭网关，服务器通过互联网与家庭网关通信，再通过家庭网关实现对家居设备的控制。外网控制的好处是，只要用户所使用的客户端具有上网功能，就可以随时随地对家居设备进行控制，不再受所处地理位置的影响。

2. 类的结构

网络通信模块负责移动控制终端和网关或家庭服务器的数据交互，是所有功能模块的基础。内网控制采用 TCP，外网控制采用 HTTPS 或 WebService 协议。

为了适应不同的家庭场景，便于移动控制终端与网关通信，先用 UDP 获得网关的 IP 和端口，即移动控制端以 UDP 数据报文的形式向家庭网关发送请求，以获得家庭网关的 IP 地址和监听端口号。网关服务模块收到手机控制端的请求后，返回网关 IP 地址和 TCP 连接的监听端口；移动控制端使用收到的 IP 地址和监听端口构造 Socket 与网关服务模块建立 TCP 连接。为了通信安全，使用了 SSLSocket。连接成功后，移动控制端和网关服务服务模块就可以使用 TCP 连接相互传输数据。类的结构如图 3-3 所示。

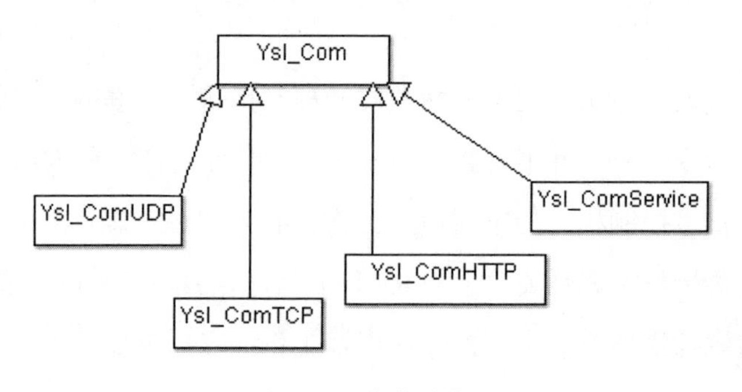

图 3-3　类的结构

Ysl_Com 类封装了 context 和 handler，操作 sessionId 及创建安全套接字工厂的方法。Ysl_ComUDP、Ysl_ComTCP、Ysl_ComHTTP、Ysl_ComService 类均继承 Ysl_Com 类，并采用单例模式。

此外，为调用方便设计了 Ysl_ComManager 类和 Ysl_ComCommand 类。这两个类也采用单例模式。Ysl_ComManager 类封装了 Ysl_ComUDP、Ysl_ComTCP、Ysl_ComHTTP、Ysl_ComService 等对象，并包含了用于判断网络是否连接及是否连接 WiFi 等方法。Ysl_ComCommand 类用于发送和解析指令。

3.3.2　Ysl_ComManager、Ysl_Com 类

1. Ysl_ComManager 类

该类包含以下对象和变量的定义。

```
public Ysl_ComTCP comTCP = Ysl_ComTCP.newInstance();
public Ysl_ComUDP comUDP = Ysl_ComUDP.newInstance();
public Ysl_ComHTTP comHTTP = Ysl_ComHTTP.newInstance();
public Ysl_ComService comService = Ysl_ComService.newInstance();
public static boolean isHomeWifi=false;
```

该类包含以下主要方法。

（1）判断是否连接到 WiFi。

```
public boolean isConnectingWiFi(Context context) {
    boolean result = false;
    ConnectivityManager manager = (ConnectivityManager) context
.getApplicationContext().getSystemService(Context.CONNECTIVIT
Y_SERVICE); //获取系统服务
    if (manager != null) {
        NetworkInfo mWifi = manager.getNetworkInfo (Connectivi
   tyManager.TYPE_WIFI);
```

```
        if (mWifi.isConnected()) {
            result = true; //网络已连接
        }
    }
    return result;
}
```

（2）判断是否连接到网络。

```
public boolean isConnectingToNet(Context context) {
    ConnectivityManager manager = (ConnectivityManager) context
            .getSystemService(Context.CONNECTIVITY_SERVICE);
   //获取系统服务
    if (manager == null) {
        return false;
    }
    NetworkInfo networkinfo = manager.getActiveNetworkInfo();
    if (networkinfo == null || !networkinfo.isAvailable()) {
        return false;
    }
    return true;
}
```

（3）连接到指定的 WiFi。

```
public void connectWiFi(Context context, String ssid, String pwd,
        WifiCipherType type) {
    WifiManager wifiManager = (WifiManager) context
            .getSystemService(Context.WIFI_SERVICE);
    WifiAutoConnectManager wc = new WifiAutoConnectManager (wifi
Manager);
    wc.connectWiFi(ssid, pwd, type);
}
```

（4）判断连接类型。

```
public static int getAPNType(Context context) {
    int netType = -1;
    ConnectivityManager connMgr = (ConnectivityManager) context
```

```
            .getSystemService(Context.CONNECTIVITY_SERVICE);
    NetworkInfo networkInfo = connMgr.getActiveNetworkInfo();
    if (networkInfo == null) {
        return netType;
    }
    int nType = networkInfo.getType();
    if (nType == ConnectivityManager.TYPE_MOBILE) {
        Log.e("networkInfo.getExtraInfo()","networkInfo.getEx
    traInfo() is "+ networkInfo.getExtraInfo());
        if (networkInfo.getExtraInfo().toLowerCase().equals("cm
       net")) {
            netType = 2;
        } else {
            netType = 3;
        }
    } else if (nType == ConnectivityManager.TYPE_WIFI) {
        netType = 1;
    }
    return netType;
}
```

2. Ysl_Com 类

该类封装了以下常量和变量。

```
    public static final String CLIENT_AGREEMENT = "TLS"; //使用协议
    public static final String CLIENT_KEY_MANAGER = "X509"; //密钥
管理器类型
    public static final String CLIENT_TRUST_MANAGER = "X509"; //信
任管理器类型
    public static final String CLIENT_KEY_KEYSTORE = "BKS"; //密钥
库类型
    public static final String CLIENT_TRUST_KEYSTORE = "BKS"; //信
任库类型
    private static final String SESSION_COOKIE = "SessionCookie";
    private SharedPreferences preferences;
    private Context context;
    private Handler handler;
```

该类有以下方法。

（1）void init(Context context, Handler handler)：初始化 context、handler 和 preferences。preferences 用于保存 sessionId。

（2）Context getContext()：返回 context。

（3）Handler getHandler()：返回 handler。

（4）void saveSessionCookie(String sessionCookie)：保存 sessionCookie 到 preferences。

（5）String getSessionCookie()：从 preferences 中取出 sessionCookie。

（6）String getSessionId(String sessionCookie)：从 sessionCookie 解析 sessionId。

（7）String getSerialNo()：获得设备序列号。

（8）SSLSocketFactory getSSLSocketFactory(int keystore,String keypassword, int truststore, String trustpassword)：根据密钥库、密码，信任库、信任库密码创建 SSLSocketFactory。

SSLSocketFactory getFactory(int keystore, String keypassword, int truststore, String trustpassword)：根据密钥库、密码，信任库、信任库密码创建 org.apache.http. conn.ssl.SSLSocketFactory。

这里主要介绍 getSerialNo()方法的实现。

```
public String getSerialNo() {
    String androidId = null;
    try {
        Class<?> c = Class.forName("android.os.SystemProperties");
        Method get = c.getMethod("get", String.class);
```

```
        androidId = (String) get.invoke(c, "ro.serialno");
    } catch (Exception e) {
    }
    if (androidId == null || androidId.equals(""))
        androidId = Settings.Secure.getString(this.getContext()
                .getContentResolver(), Settings.Secure.ANDROID_ID);
    return androidId;
}
```

3.3.3　应用协议与 Ysl_ComCommand 类设计

1．应用协议

由于目前智能家居没有统一的标准，各个不同的系统都是自己定义各个设备的通信协议。移动控制终端与网关的通信采用字节数组格式，上传数据共 60 字节。

serialNo	deviceId	instructionName	instructionValue

（1）serialNo：控制终端设备序列号，20 字节。

（2）deviceId：设备 ID，5 字节。

（3）instructionName：指令名，20 字节。

（4）instructionValue：指令值，15 字节。

接收数据为 35 字节。

instructionName	instructionValue

（1）instructionName：指令名，20 字节。

（2）instructionValue：指令值，15 字节。

移动控制终端与家庭服务器的通信采用请求参数方式上传，参数包括

serialNo、deviceId、instructionName、instructionValue，均为字符串类型。接收数据采用 JSON 格式，格式如{" instructionName"："run_state"," instructionValue ":"on"}，需要使用 JSONObject 对象进行解析。

2. 解析 JSON 数据

解析 JSON 数据时，主要使用 JSONObject 或 JSONArray 类。

（1）包含简单“名称/值”对的 JSON 数据。

下面是一个包含 5 个“名称/值”对的 JSON 数据，5 个“名称/值”对分别是"deviceId":"1201"、"deviceName":"客厅主灯"、"deviceType":"组灯"、"deviceStatusValue":"1"和"roomId":"1"，中间使用“,”隔开，其文本如下：

```
{"deviceId":"1201","deviceName":"客厅主灯,"deviceType":"组灯","deviceStatusValue":"1","roomId":"1"}
```

上面 JSON 对象的解析方法如下。

```
//新建 JSONObject 对象，将 jsonString 字符串转换为 JSONObject 对象
//jsonString 字符串为上面的文本
JSONObject demoJson = new JSONObject(jsonString);
//获取名称为 deviceId 对应的值
String deviceId= demoJson.getString("deviceId ");
//获取名称为 deviceName 对应的值
String deviceName = demoJson.getString("deviceName");
```

（2）值为数组的 JSON 数据。

下面的 JSON 数据中，number 为数组名称，[1,2,3] 为数组的内容，其 JSON 文本表示如下。

```
{"number":[1,2,3]}
```

上面的 JSON Array 解析方法如下。

```
//新建 JSONObject 对象，将 jsonString 字符串转换为 JSONObject 对象
```

```
//jsonString 字符串为上面的文本
JSONObject demoJson = new JSONObject(jsonString);
//获取 number 对应的数组
JSONArray numberList = demoJson.getJSONArray("number");
//分别获取 numberList 中的每个值
for(int i=0; i<numberList.length(); i++){
    //因为数组中的类型为 int，所以为 getInt，其他 getString、getLong 具
有类似的用法
    System.out.println(numberList.getInt(i));
}
```

（3）复杂的 JSON 数据。

复杂的 JSON 数据包含多个“名称/值”对，有的值是简单的数据，有的值是数组，如下面的 JSON 数据。

```
{"mobile":[{"name":"android"},{"name":"iphone"}]}
```

上面文本的解析方法如下：

```
//新建 JSONObject 对象，将 jsonString 字符串转换为 JSONObject 对象
//jsonString 字符串为上面的文本
JSONObject demoJson = new JSONObject(jsonString);
//首先获取名为 mobile 的对象对应的值
//该值为 JSONArray，这里创建一个 JSONArray 对象
JSONArray numberList = demoJson.getJSONArray("mobile");
//依次取出 JSONArray 中的值
for(int i=0; i<numberList.length(); i++){
     //从第 i 个取出 JSONArray 中的值为 JSON Object"名称/值"对
     //通过 getString("name")获取对应的值
     System.out.println(numberList.getJSONObject(i).getString
("name"));
}
```

3. Ysl_ComCommand 类

（1）发送数据。

```
public synchronized void sendData(Context context, Handler
```

```
handler,String deviceId, String instructionName, String instruct
ionValue) {
        try {
            if (Ysl_ComManager.isHomeWifi) {
                Ysl_ComManager.instance().comTCP.init(context, handler,
            R.raw.ckks, "123456", R.raw.ckks, "123456");
                byte[] data = toBytes(Ysl_ComManager.instance().
            comService.getSerialNo(),  deviceId, instructionName,
            instructionValue);
                Ysl_ComManager.instance().comTCP.send(data);
            } else {
                Ysl_ComManager.instance().comService.init(context,
            handler,R.raw.ckks, "123456", R.raw.ckks, "123456");
                Ysl_ComManager.instance().comService.send(Ysl_Com
            Manager.instance().comService.getSerialNo(),deviceId,
            instructionName, instructionValue);
            }
        } catch (Exception e) {
            e.printStackTrace();
        }
    }
```

（2）将字符串转为指定长度的字节数组。

```
    private byte[] stringToBytes(String s, int length) {
        StringBuilder buf = new StringBuilder(s);
        buf.setLength(length);
        return buf.toString().getBytes();
    }
```

（3）将字符串转存到字节数组的指定位置。

```
    private void writeString(byte[] data, String str, int start, int
length) {
        byte y[] = stringToBytes(str, length);
        System.arraycopy(y, 0, data, start, length);
    }
```

（4）将数据转换为字节数组。

```
private byte[] toBytes(String serialNo, String deviceId,
        String instructionName, String instructionValue) {
    byte[] data = new byte[60];
    writeString(data, serialNo, 0, 20);
    writeString(data, deviceId, 20, 5);
    writeString(data, instructionName, 25, 20);
    writeString(data, instructionValue, 45, 15);
    return data;
}
```

（5）解析返回的数据。

```
public static String[] toString(Object data){
    if (data instanceof String) {
        try {
            JSONObject obj = new JSONObject((String) data);
            String instructionName = obj.getString("instruction
        Name");
            String instructionValue = obj.getString("instruction
        Value");
            return new String[] { instructionName, instruction
        Value };
        } catch (JSONException e) {
        }
    } else if(data instanceof byte[]){
        byte[] b = new byte[20];
        System.arraycopy(data, 0, b, 0, 20);
        String instructionName = (new String(b)).trim();
        b = new byte[15];
        System.arraycopy(data, 20, b, 0, 15);
        String instructionValue = (new String(b)).trim();
        return new String[] { instructionName, instructionValue };
    }
    return null;
}
```

3.3.4 Ysl_ComUDP、Ysl_ComTCP 类

这两个类用于控制终端与网关通信。控制终端采用 IP 组播技术，并通过 UDP 通信获取网关的 IP 和端口。IP 组播技术是一种允许一台或多台主机（组播源）发送单一数据包到多台主机（一次的、同时的）的 TCP/IP 网络技术，是一点对多点的通信。IP 组播通信依赖于 IP 组播地址，在 IPv4 中，它是一个 D 类 IP 地址，范围从 224.0.0.0 到 239.255.255.255，并被划分为局部链接组播地址、预留组播地址和管理权限组播地址三类。局部链接组播地址范围为 224.0.0.0～224.0.0.255，这是为路由协议和其他用途保留的地址，路由器并不转发属于此范围的 IP 包；预留组播地址范围为 224.0.1.0～238.255.255.255，可用于全球范围（如 Internet）或网络协议；管理权限组播地址范围为 239.0.0.0～239.255.255.255，可供组织内部使用，类似于私有 IP 地址，不能用于 Internet，可限制组播范围。

使用同一个 IP 组播地址接收组播数据包的所有主机构成一个主机组，主机组也称为组播组。加入组播组需要先建立 MulticastSocket 对象，然后调用该对象的 joinGroup()方法加入组播组。移动终端通过组播地址发送数据包，网关服务器接到数据包后，再返回一个简单的数据包。移动终端通过返回的数据包获得服务器的 IP 地址和端口。

1. Ysl_ComUDP 类

该类包含以下常量和变量定义。

```
private final int BROADCAST_INT_PORT = 40005; //组播端口
private final String BROADCAST_IP = "239.0.0.1"; //组播 IP
private InetAddress broadAddress; //用于存放组播地址
private MulticastSocket broadSocket; //组播套接字，用于接收广播信息
private MulticastLock multicastLock; //组播锁
private static DatagramSocket socket; //数据流套接字，用于发送信息
```

主要的方法如下。

（1）允许组播。

```
private void allowMulticast() {
    WifiManager wifiManager = (WifiManager) this.getContext()
            .getSystemService(Context.WIFI_SERVICE);
    multicastLock = wifiManager.createMulticastLock("multicast.
test");
    multicastLock.acquire();
}
```

（2）加入组，并启动接收和发送线程。

```
public void enterGroup() {
    try {
        allowMulticast(); //允许网络广播
        //初始化
        broadSocket = new MulticastSocket(BROADCAST_INT_PORT);
        broadAddress = InetAddress.getByName(BROADCAST_IP);
        socket = new DatagramSocket();
        (new ReciveThread()).start(); //新建一个线程，用于循环侦听
    端口信息
        broadSocket.joinGroup(broadAddress); //加入组播地址，这样
    就能接收到组播信息
        (new SendThread()).start();
    } catch (Exception e) {
        Log.i("NET", "*****加入组播失败*****");
    }
}
```

（3）离开组。

```
private void exitGroup() {
    try {
        broadSocket.leaveGroup(broadAddress); //离开组
        broadSocket.close();
        socket.close();
        broadAddress = null;
```

```
    } catch (Exception e) {
        Log.i("NET", "*****退出组播失败*****");
    }
    multicastLock.release();
}
```

（4）发送数据线程。

```
private class SendThread extends Thread {
    public void run() {
        DatagramPacket packet; //数据包，相当于集装箱，封装信息
        try {
            String no =  getSerialNo();
            byte[] b = no.getBytes();
            packet = new DatagramPacket(b, b.length, broadAddress,
        BROADCAST_INT_PORT);
            //广播信息到指定端口 socket.send(packet);
            Log.i("YSL", "*****已发送邀请请求*****");
        } catch (Exception e) {
            Log.i("YSL", "*****邀请出错*****" + e);
        }
    }
}
```

（5）接收数据线程。

```
private  class ReciveThread extends Thread {
    public void run() {
        try {
            DatagramPacket inPacket = new DatagramPacket(new
        byte[100], 100);
            socket.receive(inPacket); //接收广播信息并将信息封装到
        inPacket 中
            String message = new String(inPacket.getData(), 0,
        inPacket.getLength());
            if (message.equals("ENTER_OK")) {
                Message msg = new Message();
                msg.what = 1;
                Bundle b = new Bundle();//存放数据
```

```
                b.putString("result", inPacket.getAddress()
                        .getHostAddress());
                msg.setData(b);
                Ysl_ComUDP.this.getHandler().sendMessage(msg);
            //向 Handler 发送消息,更新 UI
                }
            } catch (Exception e) {
                Message msg = new Message();
                msg.what = 0;
                Ysl_ComUDP.this.getHandler().sendMessage(msg); //向
        Handler 发送消息,更新 UI
            }
            exitGroup();
        }
    }
```

2. Ysl_ComTCP 类

该类主要用于移动终端和网关通信。该类主要包含以下变量定义。

```
    private boolean running = true; //线程运行控制变量
    private Socket socket; //套接字
    private InputStream in; //输入流
    private OutputStream out; //输出流
    private ConcurrentLinkedQueue<byte[]> queue = new Concurrent
LinkedQueue<byte[]>(); //同步队列
    private SSLSocketFactory sf; //安全套接字工厂
```

主要的方法如下。

（1）初始化。

```
    public void init(Context context, Handler handler, int
keystore,String keypassword, int truststore, String trustpassword)
throws KeyManagementException, UnrecoverableKeyException,NoSuchAlgo
rithmException, KeyStoreException, CertificateException,NotFound
Exception, IOException {
        super.init(context, handler);
```

```
    this.sf = getSSLSocketFactory(keystore, keypassword, trus
tstore,trustpassword);
}
```

（2）判断是否连接。

```
public boolean isConnect(){
    return socket!=null&&socket.isConnected();
}
```

（3）连接到指定网关。

```
public void connect(final String ip, final int port) {
    (new Thread() {
        public void run() {
            try {
                if (sf != null) {
                    //生成 SSLSocket
                    socket = sf.createSocket(ip, port);
                    String[] pwdsuits = ((SSLSocket) socket).
                getSupportedCipherSuites();
                    //socket 可以使用所有支持的加密套件
                    ((SSLSocket) socket).setEnabledCipherSuites
                (pwdsuits);
                } else {
                    socket = new Socket(ip, port);
                }
                in = socket.getInputStream();
                out = socket.getOutputStream();
                queue.clear();
                SendThread st = new SendThread();
                st.start();
                ReciveThread rt = new ReciveThread();
                rt.start();
            } catch (Exception e) {
            }
        }
    }).start();
}
```

（4）关闭连接。

```
public void close(){
    running = false;
}
```

（5）发送数据。

```
public synchronized void send(byte[] data) {
    queue.add(data);
    notifyAll();
}
```

发送模块和接收模块分别是两个子线程。同样，为了考虑用户的使用体验，设计一个同步队列，缓存用户指令。当用户需要发送命令时，指令数据先存入发送线程中的数据区（同步队列），然后由发送线程向网关发送报文，发送完数据后，回到等待用户指令状态。当网关服务器向客户端发送指令时，客户端的接收线程监测到数据的到来，接到数据后将数据发送给数据的请求模块，最后返回到等待接收网关服务器数据的状态。发送的数据为 60 字节，具体格式参见指令解析模块。接收数据为 35 字节，其中前 20 字节为指令名，后 15 字节为指令值。

```
private class ReciveThread extends Thread {
    byte[] data = new byte[35];
    public void run() {
        running = true;
        while (running) {
            try {
                int n = in.read(data);
                if (n > 0) {
                    Message msg = new Message();
                    msg.what = 1;
                    Bundle b = new Bundle(); //存放数据
                    b.putByteArray("result", data);
                    msg.setData(b);
                    Ysl_ComTCP.this.getHandler().sendMessage(msg);
```

```
                    //发送消息，更新 UI
                    }
                } catch (IOException e) {
                    e.printStackTrace();
                    Message msg = new Message();
                    msg.what = 0;
                    Ysl_ComTCP.this.getHandler().sendMessage(msg);
                //向 Handler 发送消息，更新 UI
                    break;
                }
            }
            running = false;
            try {
                in.close();
            } catch (IOException e) {
            }
            try {
                out.close();
            } catch (IOException e) {
            }
            try {
                socket.close();
            } catch (IOException e) {
            }
        }
    }

    private class SendThread extends Thread {
        public void run() {
            running = true;
            while (running) {
                synchronized (this) {
                    while (queue.size() == 0) {
                        try {
                            this.wait(5);
                        } catch (InterruptedException e) {
                            e.printStackTrace();
                        }
```

```
            }
            byte[] data = queue.poll();
            try {
                out.write(data);
            } catch (IOException e) {
                Message msg = new Message();
                msg.what = 0;
                Ysl_ComTCP.this.getHandler().sendMessage(msg);
            //发送消息，更新 UI
            }
        }
    }
  }
}
```

3.3.5　Ysl_ComHTTP、Ysl_ComService 类

这两个类用于先通过互联网与家庭服务器进行通信，家庭服务器再与网关通信，从而实现远程控制。服务返回的数据格式为 JSON 格式。

1．Ysl_ComHTTP 类

该类支持以 HTTP 或 HTTPS 协议实现控制终端与家庭服务器的通信。

主要的常量和变量定义如下：

```
private static int TIMEOUT_CONNECTION = 3000;
private static int TIMEOUT_SOCKET = 5000;
private static String url;
private static SSLSocketFactory sf;
```

主要的方法如下。

（1）初始化。

该方法用于初始化 Context、Handler，并创建安全套接字工厂。

```
    public void init(Context context, Handler handler, int keystore,
String keypassword, int truststore, String trustpassword) throws
KeyManagementException, UnrecoverableKeyException,KeyStoreException,
NoSuchAlgorithmException, CertificateException,NotFoundException,
IOException {
        super.init(context, handler);
        sf = getFactory(keystore, keypassword, truststore, trustpa
    ssword);
    }
```

（2）设置 URL。

```
    public void setUrl(String url) {
        Ysl_ComHTTP.url = url;
    }
```

（3）发送数据。

```
    @SuppressWarnings("unchecked")
    public void send(Map<String, String> data) throws Exception {
        MyTask task = new MyTask();
        task.executeOnExecutor(AsyncTask.THREAD_POOL_EXECUTOR, data);
    }
```

（4）创建 HttpUriRequest。

```
    private HttpUriRequest createRequest(String method, String url,
Map<String, String> params) throws UnsupportedEncodingException {
        HttpUriRequest request;
        if (method.equals("GET") || method.equals("get")) {
            request = new HttpGet(url);
        } else {
            request = new HttpPost(url);
            List<NameValuePair> nvps = new ArrayList<NameValuePair>();
            for (String key : params.keySet()) {
                nvps.add(new BasicNameValuePair(key, params.get(key)));
            }
            ((HttpPost) request).setEntity(new UrlEncodedFormEntity
```

```
    (nvps, HTTP.UTF_8));
    }
    String sessionCookie = getSessionCookie();
    if (request != null && null != sessionCookie) {
        request.setHeader("Cookie", sessionCookie); //给头部设置
    Cookie
    }
    return request;
}
```

（5）创建参数。

```
private HttpParams createHttpParams() {
    HttpParams httpParameters = new BasicHttpParams();
    HttpConnectionParams.setConnectionTimeout(httpParameters,
TIMEOUT_CONNECTION);
    HttpConnectionParams.setSoTimeout(httpParameters, TIMEOUT_
SOCKET);
    return httpParameters;
}
```

（6）发送 HTTP 或 HTTPS 请求。

```
private HttpEntity httpRequest(String method, String url,
        Map<String, String> params) throws Exception {
    HttpEntity entity = null;
    HttpUriRequest request = createRequest(method, url, params);
    HttpParams httpParameters = createHttpParams();
    DefaultHttpClient httpClient = new DefaultHttpClient(http
Parameters);
    if (sf != null) {
        Scheme sch = new Scheme("https", sf, 8443);
        httpClient.getConnectionManager().getSchemeRegistry().
    register(sch);
    }
    HttpResponse response = httpClient.execute(request);
    if (response.getStatusLine().getStatusCode() == 200) {
        entity = response.getEntity();
        Header headers[] = response.getHeaders("Set-Cookie");
```

```
            for (Header h : headers) {
                if (h.getValue().startsWith("JSESSIONID")) {
                    String seesionCookie = h.getValue();
                    saveSessionCookie(seesionCookie);
                    break;
                }
            }
        }
        return entity;
    }
```

（7）异步执行请求类。

该类是 AsyncTask 的一个子类，用于异步发送请求。

```
    private class MyTask extends AsyncTask<Map<String, String>,
Integer, String> {
        @Override
        protected String doInBackground(Map<String, String>...
    params) {
            HttpEntity entity;
            String result = null;
            try {
                entity = httpRequest("POST", url, params == null ? null :
            params[0]);
                result = EntityUtils.toString(entity);
            } catch (Exception e) {
                e.printStackTrace();
                Message msg = new Message();
                msg.what = 0;
                Ysl_ComHTTP.this.getHandler().sendMessage(msg);
            //向 Handler 发送消息
        }
            return result;
        }

        @Override
        protected void onPostExecute(String result) {
```

```
            Message msg = new Message();
            msg.what = 1;
            Bundle b = new Bundle(); //存放数据
            b.putString("result", result);
            msg.setData(b);
            Ysl_ComHTTP.this.getHandler().sendMessage(msg); //向Handler
    发送消息
        }
    }
```

2. Ysl_ComService 类

该类支持以 **Ysl_ComService** 协议实现控制终端与家庭服务器进行通信。

```
    private final static String SERVICE_NAMESPACE = "http://cxf.ws/";
    private final static String SERVICE_URL = "https://192.168.
0.102:8443/TW/ws/SurveyWebService";
    private final static String SERVICE_METHOD = "vote";
    private final static String SERVICE_SOAPACTION = "";
    private final static int TIMEOUT_MS = 5000;
    private SSLSocketFactory sf;
    public void init(Context context, Handler handler, int keys
tore,String keypassword, int truststore, String trustpassword)throws
KeyManagementException, UnrecoverableKeyException, KeyStoreException,
NoSuchAlgorithmException,Certificate  Exception,NotFoundException,
IOException {
        super.init(context, handler);
        sf = getSSLSocketFactory(keystore, keypassword, truststore,
    trustpassword);
    }

    private SoapObject request(Map<String, Object> params) throws
Exception {
        SoapObject request = new SoapObject(SERVICE_NAMESPACE, SERV
    ICE_METHOD);
        if (params != null) {
            Object paramValue;
            for (String paramName : params.keySet()) {
                paramValue = params.get(paramName);
```

```
            if (paramValue instanceof String[]) {
                SoapObject soapCompanies = new SoapObject(
                        SERVICE_NAMESPACE, paramName);
                String[] s = (String[]) paramValue;
                for (String o : s) {
                    soapCompanies.addProperty("string", o);
                }
                request.addSoapObject(soapCompanies);
            } else {
                request.addProperty(paramName, paramValue);
            }
        }
    }
    SoapSerializationEnvelope envelope = new SoapSerialization
Envelope(SoapEnvelope.VER11);
    envelope.bodyOut = request;
    envelope.dotNet = false;
    envelope.setOutputSoapObject(request);

    HttpTransportSE trans;
    if (sf != null) {
        URL url = new URL(SERVICE_URL);
        trans = new YslKeepAliveHttpsTransportSE(sf, url.getHost(),
                url.getPort(), url.getFile(), TIMEOUT_MS);

    } else {
        trans = new HttpTransportSE(SERVICE_URL);
    }
    List<HeaderProperty> headers = null;
    String sessionCookie = getSessionCookie();
    if (sessionCookie != null) {
        headers = new ArrayList<HeaderProperty>();
        HeaderProperty p = new HeaderProperty("Cookie", session
    Cookie);
        headers.add(p);
    }
    trans.debug = true;
    if (headers != null)
```

```
            trans.call(SERVICE_SOAPACTION, envelope, headers);
        else
            trans.call(SERVICE_SOAPACTION, envelope);
        @SuppressWarnings("unchecked")
        List<HeaderProperty> hp = (List<HeaderProperty>) trans.
    getConnection().getResponseProperties();
        for (int i = 0; i < hp.size(); i++) {
            String key = hp.get(i).getKey();
            if (key != null && key.equals("Set-Cookie")) {
                sessionCookie = hp.get(i).getValue();
                saveSessionCookie(sessionCookie);
                break;
            }
        }
        SoapObject soapObject = (SoapObject) envelope.bodyIn;
        return soapObject;
    }

    @SuppressWarnings("unchecked")
    public void send(String serialNo, String deviceId, String
instructionName,String instructionValue) throws Exception {
        Map<String, Object> params = new HashMap<String, Object>();
        params.put("serialNo", serialNo);
        params.put("deviceId", deviceId);
        params.put("instructionName", instructionName);
        params.put("instructionValue", instructionValue);
        MyTask task = new MyTask();
        task.executeOnExecutor(AsyncTask.THREAD_POOL_EXECUTOR,
    params);
    }

    private class MyTask extends AsyncTask<Map<String, Object>,
Integer, String> {
        @Override
        protected void onPostExecute(String result) {
            Message msg = new Message();
            msg.what = 1;
            Bundle b = new Bundle(); //存放数据
```

```
        b.putString("result", result);
        msg.setData(b);
        Ysl_ComService.this.getHandler().sendMessage(msg); //向
    Handler 发送消息，更新 UI
    }

    @Override
    protected String doInBackground(Map<String, Object>...
params) {
        String result = null;
        try {
            SoapObject soapObject = request(params != null ?
        params[0] : null);
            result = soapObject.getProperty(0).toString();
        } catch (Exception e) {
            e.printStackTrace();
            Message msg = new Message();
            msg.what = 0;
            Ysl_ComService.this.getHandler().sendMessage(msg);
        // 向 Handler 发送消息，更新 UI
        }
        return result;
    }
}
```

第 4 章
Chapter 4

语音通信设计

语音通信是智能家居系统不可缺少的组成部分。本章将介绍语音通信的原理、基于 iLBC 的语音通信设计及语音通信的实现。

4.1 语音通信的原理

4.1.1 语音通信模型

1. 基础模型

网络语音通信通常是双向的，就模型层面来说，这个双向是对称的。因此，只讨论一个方向的通道就可以了。网络语音通信的各个主要环节可简化成如图 4-1 所示的概念模型。

图 4-1 网络语音通信的概念模型

这是一个最基础的模型，由五个重要的环节构成：语音采集、编码、网络传输、解码、语音播放。

1）语音采集

语音采集是指从麦克风采集音频数据，将声音样本转换成数字信号。这涉及几个重要的参数：采样频率、采样位数、声道数。简单地说，采样频率是在 1s 内进行采集动作的次数；采样位数是每次采集动作得到的数据长度。

一个音频帧的大小等于（采样频率×采样位数×声道数×时间）/8。

通常，一个采样帧的时长为 10ms，即每 10ms 的数据构成一个音频帧。假设采样率为 16000、采样位数为 16bit、声道数为 1，那么一个 10ms 的音频帧的大小为（16000×16×1×0.01）/8 = 320 字节。计算式中 0.01 的单位为 s，即 10ms。

2）编码

如果将采集到的音频帧不经过编码直接发送，则可以计算其所需要的带宽要求，仍采用上例：320×100 =32KByte/s，如果换算为 bit/s，则为 256kbit/s。这是个很大的带宽占用。通过网络流量监控工具，可以发现采用类似 QQ 等 IM 软件进行语音通信时，流量为 3KByte/s～5KByte/s，这比原始流量小了一个数量级。这主要得益于音频编码技术。因此，在实际的语音通信应用中，编码这个环节是不可缺少的。目前有很多常用的语音编码技术，如 G.729、iLBC、AAC、Speex 等。

3）网络传输

当一个音频帧完成编码后，可通过网络发送给通话的对方。对于语音通信这样的实时应用，低延迟和平稳是非常重要的，这就要求网络传送非常顺畅。

4）解码

当对方接收到编码帧后，会对其进行解码，以恢复成为可供声卡直接播放的数据。

5）语音播放

完成解码后，可将得到的音频帧提交给声卡进行播放。

2. 改进模型

在实际应用中，若想达到较好的效果，还需解决如下问题。

（1）低延迟。只有低延迟，才能让通话的双方有很强的实时的感觉。当然，这主要取决于网络的速度和通话双方的物理位置的距离，就单纯软件的角度，优化的可能性很小。

（2）背景噪声小。

（3）声音流畅，没有卡、停顿的感觉。

（4）没有回音。

1）回音消除 AEC

当使用外放功能时，扬声器播放的声音会被麦克风再次采集，传回给对方，这样对方就听到自己的回音。因此，在实际应用中，回音消除的功能是必需的。

在得到采集的音频帧后，在编码之前的这个间隙，是回音消除模块工作的时机。

回音消除模块依据刚播放的音频帧，在采集的音频帧中做一些类似抵消的运算，从而将回声从采集帧中清除掉。

2）噪声抑制 Denoise

噪声抑制又称为降噪处理，是根据语音数据的特点，将属于背景噪声的部分识别出来，并从音频帧中过滤掉。有很多编码器都内置了该功能。

3）抖动缓冲区 JitterBuffer

抖动缓冲区用于解决网络抖动的问题。网络抖动是指网络延迟时长时短，在这种情况下，即使发送方定时发送数据包（比如每 100ms 发送一个包），接收方的接收也无法同样定时，有时在一个周期内，一个包都接收不到，有时在一个周期内接收到几个包，导致接收方听到的声音是断断续续（长顿）的。

JitterBuffer 工作在解码器之后、语音播放之前的环节，即在语音解码完成后，将解码帧放入 JitterBuffer，声卡的播放回调信号到达时，从 JitterBuffer 中取出排在最前面的一帧进行播放。

JitterBuffer 的缓冲深度取决于网络抖动的程度，网络抖动越大，缓冲深度越大，播放音频的延迟就越长。因此，JitterBuffer 利用较长的延迟来换取声音的流畅播放，因为相比声音卡顿来说，稍长一点的延迟换来更流畅的效果使主观体验更好。当然，JitterBuffer 的缓冲深度不是一直不变的，而是根据网络抖动程度的变化而动态调整的。

4）静音检测 VAD

在语音通信中，在一方不说话时不产生流量就理想了。静音检测就是实现这个目的的。静音检测通常也集成在编码模块中。静音检测算法结合前面的噪声抑制算法，可以识别出当前是否有语音输入，如果没有语音输入，就可以编码输出一个特殊的编码帧（如长度为 0）。特别是在多人视频会议中，通常只有一个人在发言，这种情况下，利用静音检测技术节省带宽是非常可观的。

综合上面的概念模型及现实中用到的网络语音技术，网络语音通信的改进模型如图 4-2 所示。

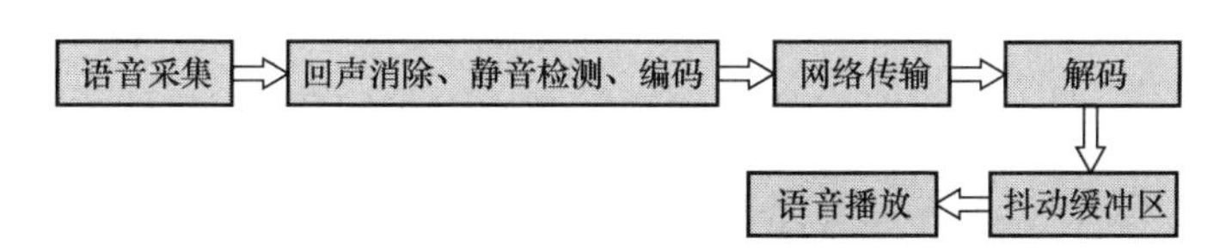

图 4-2　网络语音通信的改进模型

4.1.2　语音通信编码

语音通信编码有很多种，如 mp3、AAC、iLBC、Speex、Amr。其中，iLBC 和 Speex 有开源的第三方库。相比之下，iLBC 用得比较多。iLBC 由全球著名语音引擎提供商 Global IP Sound 开发，是低比特率的编解码器。iLBC 对丢包进行了特有处理，即使在丢包率相当高的网络环境下，仍可获得非常清晰的语音效果，从而解决了因网络丢包而严重影响通话质量的问题。目前，一些 VoIP 设备及应用生产商都在自己的产品中集成了 iLBC。例如，下面的一些商用产品就选用了 iLBC：Skype、Nortel、Webex、Hotsip、Marratech、Gatelinx、K-Phone、Xten。

iLBC 的主要优势在于对丢包的处理能力。iLBC 独立处理每个语音包，是一种理想的包交换网络语音编解码器。在正常情况下，iLBC 会记录下当前数据的相关参数和激励信号，以便在之后的数据包丢失的情况下进行处理；在当前数据接收正常而之前数据包丢失的情况下，iLBC 会对当前解码出的语音和之前模拟生成的语音进行平滑处理，以消除不连贯的感觉；在当前数据包丢失的情况下，iLBC 会对之前记录下来的激励信号进行相关处理并与随机信号混合，以得到模拟的激励信号，从而得到替代丢失语音的模拟语音。总之，与标准的低比特率编解码器相比，iLBC 使用更多自然、清晰的元素，能精确地模仿出原始语音信号，被誉为更适合包交换网络使用的可获得高语音质量的编解码器。

1. iLBC 编码

iLBC 本质上是一种基于帧的线性预测编码方法，是对 CELP（码激励线性预测编码）的一种发展，独有的动态码本更新技术、语音加强算法和丢包掩蔽技术使其在 VOIP 中应用时有更好的性能。iLBC 编码流程如图 4-3 所示。

对于每个含有 160/240(20ms/30ms) 样点的输入帧，iLBC 算法将进行以下主要操作。

（1）把该帧分为 4/6 个子帧，每子帧有 40 个样点。对 30ms 的帧，进行两次 10 阶的 LPC 分析，得到相应的 LPC 系数；对于 20ms 的帧，进行一次 10 阶的 LPC 分析。

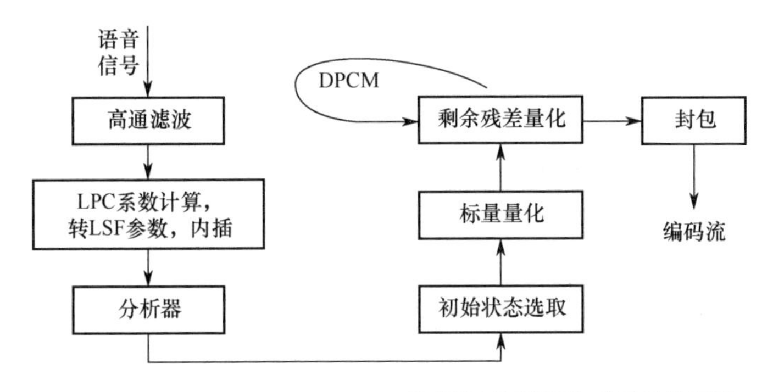

注：DPCM（Differential Pulse Code Modulation，差分脉冲编码调制，简称差值编码）。

图 4-3　iLBC 编码流程

（2）每次分析得到的 LPC 系数将转化为 LSF（线谱对）参数，并对 LSF 系数进行量化，内插以得到各个子帧的 LSF 系数；随后，由各子帧的 LSF 系数得到各子帧对应的分析器，对各个子帧进行线性预测，计算各子帧的残差。

（3）先从残差中找到两个能量值最大的连续子帧，然后把能量值较小的首 23/22 个样点（30ms/20ms）或尾 23/22 个样点从连续子帧中去除，剩余的 57/58 个样点被选定为本次处理的初始状态。对于浊音语音，这样的选取方式将至少包含一个基音脉冲。

（4）对初始状态进行基于 DPCM 的标量量化，量化结果将作为编码输出的一部分。与此同时，初始状态被存入码本存储区，以构成动态码本的初始值，用于对本帧的剩余样点进行矢量量化。

（5）对于剩余的残差，矢量量化将按下面顺序进行：①包含有初始状态的两个连续子帧中剩余的 23/22 个样点；②时间轴上处于初始状态之后的各个子帧；③时间轴上在初始状态之前的各个子帧。对于此矢量量化，每次搜索码本的范围是动态码本，其中存储了已经被解码的对象，并随着最新的解码结果更新。

（6）对编码结果进行封包处理。

2. iLBC 解码

iLBC 是一种运用了分析合成方法的编解码算法，解码部分的运算量相对要小一些，使功能不强的客户端的实时解码成为可能。iLBC 解码流程如图 4-4 所示。

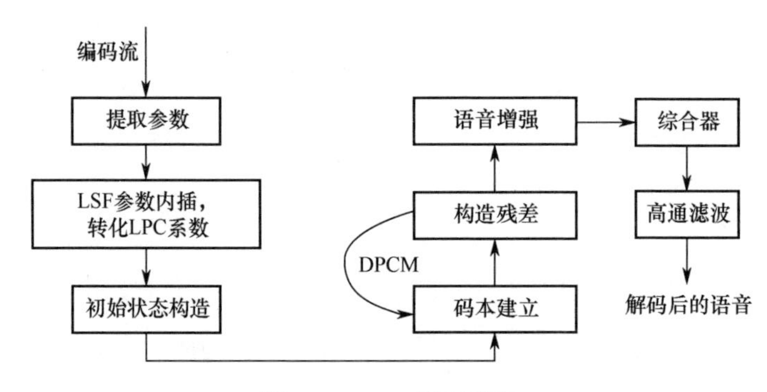

图 4-4　iLBC 解码流程

解码的主要过程如下。

（1）解包，提取参数。

（2）从得到的 LSF 参数进行内插，并转化各个子帧的 LPC 系数，以便进行合成操作。

（3）对初始状态进行解码，解码结果一方面作为激励信号暂存，另一方面存入码本存储区，以构成动态码本的初始值。

（4）对剩余的子帧部分，按照与编码相同的次序进行残差解码，并用解码结果更新动态码本，重复（4）直到所有子帧完成译码。

（5）对于解码得到的残差信号，进行语音增强的操作。该语音增强采用了条件限制的增强方法。

（6）通过综合器进行语音合成，再经过高通滤波处理，形成解码后的语音。

（7）高通滤波，以消除合成后的低频语音。

3. iLBC 的关键技术

与以往的低比特率语音编解码算法相比，iLBC 除采用经典的线性预测分析法、从 LPC 系数到 LSF 系数相互转换、分裂矢量量化 LSF 参数和多级形状—增益量化残差外，主要有以下特殊方法。

（1）基于初始状态的动态码本的选取和更新。

iLBC 利用基于初始状态的动态码本的更新方法，把最新的解码结果加入码本，以取代较老的码矢。通过这种算法，可以较为方便地生成码本，同时也提供了很好的码本预测能力。

（2）采用帧间独立的长时预测方法，并在此基础上利用 PLC（丢包掩蔽）技术。

经典的 CELP 方法是利用以往的激励信号来对自适应码本进行更新的，这样的方法在分组交换网中有以下问题。

- 如果过去的信号丢失或在传输过程中被污染，则解码用的码本就会与编码时不同，导致解码语音质量变差。
- 在语音建立阶段，解码端的自适应码本并不能很好地描述基音周期，导致解码语音建立时间加长。

iLBC 采用基于初始状态的解码方法。初始码本是从初始状态中得到的，通常都会包含至少一个基音脉冲，因而建立时间较快；同时，从初始状态出发，既有时间上前向的预测，也有向后的预测，因而体现了长时预测的概念，配合 PLC 技术，即使出现丢帧，解码语音质量也不会明显下降。

PLC 技术的基本原则：解码端若收到正确的帧，则计算出的 LPC 系数和激励码本被存储；若丢帧，则使用上一个正确帧中的激励信号，利用基音同步重复的方法得到本帧解码信号。

（3）利用有条件限制的优化算法加强残差语音。

该算法的主要思想是，对待加强的残差语音块，寻找其前 3 个块和后 3 个块，用这 6 个块的线性组合逼近当前待加强的块。计算待加强块和逼近块的均方误差。若误差足够小，则把逼近块作为加强块；否则，加强块为待加强块和逼近块的线性组合。

4.2 基于 iLBC 的语音通信设计

4.2.1 基于 JNI 生成底层库的原理

基于 iLBC 的语音通信需要使用 iLBC 库，iLBC 库是用 C 语言编写的，其扩展名为.os。iLBC 库和 Java 类连接是通过 JNI（Java Native Interface，Java 本地接口）来实现的。

1. JNI 原理

Android 采用分层的体系结构：上层的应用层和应用框架层主要使用 Java 语言开发；下层则运行一个 Linux 内核，并在内核之上集成了各种核心库和第三方库，以提供系统运行所需的服务，这部分是用 C 和 C++语言开发的。连接这两部分的纽带就是 JNI，如图 4-5 所示。

JNI 是 Java 平台上定义的一套标准的本地编程接口。JNI 允许 Java 代码与本地代码互操作，即 Java 代码可以调用本地代码，本地代码也可以调用 Java 代码。本地代码是指用其他编程语言（如 C/C++）实现、依赖于特定硬件和操作系统的代码。通过 JNI 调用本地代码，可以实现 Java 语言所不能实现的功能。

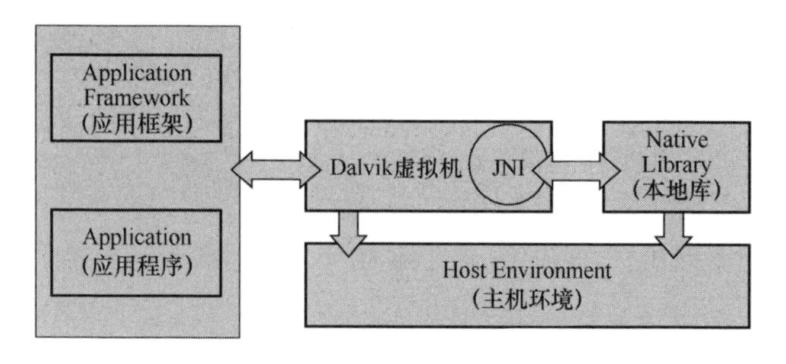

图 4-5　JNI 在 Android 系统中所处的位置

在执行 Java 类的过程中，如果 Java 类需要与 C 组件沟通，VM 就会先载入 C 组件，然后让 Java 的函数顺利地调用到 C/C++组件的函数。在 Android 中使用的 C/C++组件需要被编译打包成.so 文件。为此，可以使用 NDK（Android Native Development Kit，Android 原生开发集）。NDK 提供一系列的工具，帮助开发者快速开发 C（或 C++）的动态库，并能自动将.so 文件和 Java 应用一起打包成.apk 文件。这些工具对开发者的帮助是巨大的。NDK 集成了交叉编译器，并提供了相应的.mk 文件隔离 CPU、平台、ABI 等差异，开发人员只需要简单修改.mk 文件（指出哪些文件需要编译、编译特性要求等），就可以创建出 so。

应用层的 Java 类是在 VM（Vitual Machine，虚拟机）上执行的，而 C 组件不是在 VM 上执行的，那么 Java 程序又如何要求 VM 去载入所指定的 C 组件呢？可使用下述指令：

```
System.loadLibrary(so 库名);
```

例如，Android 框架里所提供的 MediaPlayer.java 类包含以下指令。

```
public class MediaPlayer{
    static {
        System.loadLibrary("media_jni");
    }
}
```

这要求 VM 去载入 libmedia_jni.so。载入*.so 之后，Java 类与*.so 档案就汇合在一起执行了。

调用 C/C++本地函数还需要一个中间类，这个类中主要建立一些方法用于调用 C/C++本地函数，它们的类型均为“public native int”，以便其他的 Java 类能够调用。

2. JNI 的设计步骤

编写一个具有*.so, jni , java 整体模块，步骤如下。

（1）编写 Java 层代码：一是调用 System.loadLibrary()方法加载底层库；二是定义 native 方法。

（2）使用 javac 编译器编译 Java 源文件生成的 class 文件。

（3）使用 javah -jni 命令生成 JNI 中所需的*.h 头文件。

（4）编写 C/C++代码（HelloWorld.c）实现头文件中的函数原型。

（5）编写 Android.mk 文件。

（6）生成*.so 库。

先通过一个简单的例子说明上述设计步骤。这个例子是先在界面上输入用户名，通过调用本地 C 代码，生成“XXXXHello!”（XXXX 为输入的名字），然后返回到应用层显示出来。

（1）首先创建含有 native 方法的 Java 类。

根据项目的需要编写中间层的 Java 类，调用 System.loadLibrary()方法加载动态库，并编写 native 方法。可以在 Eclipse 下编写。

```
package com.ysl.testjni;
public final class MyJNI {
```

```
    static {
        System.loadLibrary("HelloJNI");
    }
    //native 方法
    public native String sayHello(String name);
}
```

System.loadLibrary("HelloJNI")用于加载动态库 libHelloJNI.so。当第一次使用到这个类时就会加载这个动态库。用关键字 native 声明本地方法，表明这两个方法需要通过本地代码 C/C++实现。

编写好 Java 代码后，Eclipse 会自动在工程 bin 目录中生成对应的.class 文件，里面包含了所有 Java 文件生成的.class 文件。

（2）通过 javah 命令生成.h 文件。

在第（1）步中，在工程的 bin/classes/*目录里有生成的.class 文件，这里就需要使用 javah 命令将对应的 MyJNI.class 生成*.h 文件，我们进入工程根目录里，执行如下命令。

```
javah -classpath ./bin/classes -d jni com.ysl.testjni.MyJNI
```

在该命令中，-classpath 选项表示工程 Java 文件生成的所有.class 文件所在的目录必须指定在 bin/classes 目录下面，即所有.class 文件所在的目录不能是它的子目录或者父目录，否则就会出现错误：error:cannot access com.ysl.testjni.MyJNI，这一点非常重要。-d jni 表示先在当前目录下新建一个 jni 文件夹，然后将生成的*.h 文件放入该目录中，因为测试当前目录是工程的根目录，所以会在根目录中新建 jni 文件夹；若无该选项，则生成的.h 文件会在当前目录中。

命令的结果是在本地生成一个名为 jni 的目录。该目录里有一个名为 com_ysl_testjni_MyJNI.h 的头文件。这个文件就是我们所需要的头文件。它声明了两个函数。头文件的内容如下。

```
/* DO NOT EDIT THIS FILE - it is machine generated */
#include <jni.h>
/* Header for class com_ysl_testjni_MyJNI */

#ifndef _Included_com_ysl_testjni_MyJNI
#define _Included_com_ysl_testjni_MyJNI
#ifdef __cplusplus
extern "C" {
#endif
/*
 * Class:     com_ysl_testjni_MyJNI
 * Method:    sayHello
 * Signature: (Ljava/lang/String;)Ljava/lang/String;
 */
JNIEXPORT jstring JNICALL Java_com_ysl_testjni_MyJNI_sayHello
  (JNIEnv *, jobject, jstring);

#ifdef __cplusplus
}
#endif
#endif
```

（3）编写 C/C++代码（HelloWorld.c）实现头文件中的函数原型。

在前面所生成的.h 文件夹目录中编写 c/c++文件来实现该头文件，*.c 和*.cpp 文件的名称由用户自己定义，但必须在 Android.mk 文件中用 LOCAL_SRF_FILES 指向该文件，一般情况下取与.h 文件相同的本名。例如，HelloJNI.c 文件的内容如下。

```
#include <string.h>
#include <jni.h>
#include "com_ysl_testjni_MyJNI.h"
JNIEXPORT jstring JNICALL Java_com_ysl_testjni_MyJNI_sayHello
(JNIEnv* env, jobject c, jstring str) {
    //从 jstring 类型取得 C 语言环境下的 char*类型
    const char* name = (*env)->GetStringUTFChars(env, str, 0);
    //本地常量字符串
```

```
    char* hello = "Hello!";
    //动态分配目标字符串空间
    char* result = malloc((strlen(name) + strlen(hello) + 1) *
sizeof(char));
    result[0] = '\0';
    //字符串链接
    strcat(result, hello);
    strcat(result, name);
    //释放 jni 分配的内存
    (*env)->ReleaseStringUTFChars(env, str, name);
    //生成返回值对象
    str = (*env)->NewStringUTF(env, result);
    return str;
}
```

（4）编写 Android.mk 文件并将该文件放在 jni 目录下。

```
#Hello 程序的 mk 文件
LOCAL_PATH := $(call my-dir)
include $(CLEAR_VARS)
LOCAL_MODULE := HelloJNI
LOCAL_SRC_FILES := HelloJNI.c
include $(BUILD_SHARED_LIBRARY)
```

在.mk 文件中经常会使用一些变量，常用的变量如下。

- LOCAL_SRC_FILES：编译的源文件。
- LOCAL_C_INCLUDES：需要包含的头文件目录。
- LOCAL_SHARED_LIBRARIES：链接时需要的外部库。
- LOCAL_PRELINK_MODULE：是否需要 prelink 处理。
- LOCAL_MODULE：编译的目标对象。
- BUILD_SHARED_LIBRARY：指明要编译成动态库。

（5）生成*.so 库。

以上的 C 语言代码要编译成最终.so 动态库文件，有以下两种途径。

① 使用 NDK 编译：NDK 的下载地址为 http://developer.android.com/tools/sdk/ndk/index.htm。

② 完整源码编译环境：Android 平台提供基于 make 的编译系统，为 App 编写正确的 Android.mk 文件就可使用该编译系统。该环境需要通过 git 从官方网站获取完整源码副本并成功编译，更多细节请参考 http://source.android.com/index.html。

这里只介绍使用 NDK 编译的方法。下载 NDK 后，只要把 ndk-build 命令加入环境变量 PATH 中即可使用。在 dos 命令行界面，进入 jni 目录下输入 ndk-build 命令便可编译了。屏幕上会显示：

```
Compile thumb : HelloJNI <= HelloJNI.c
SharedLibrary : libHelloJNI.so
Install : libHelloJNI.so => libs/armeabi/libHelloJNI.so
```

会在 HelloJNI/libs/armeabi 目录下生成一个名为 libHelloJNI.so 的动态库，可在 Android 项目中使用。

4.2.2 生成 iLBC 的底层库

为了保证语音通信效率，iLBC 语音编码需用底层 C 语言开发，可以到网站上下载开发源码：http://code.google.com/p/android-ilbc 或 https://github.com/SwordBearer/Android-iLbc。C 代码和.mk 文件已经有源码，只需根据需要设计 Java 中间类，修改.mk 文件和 C 程序。

具体步骤如下。

（1）在 Eclipse 中打开智能终端项目，将下载的源码中的.jni 文件夹复制到当前工程的根目录下。

（2）打开 jni 目录下的 Android.mk 文件进行修改，使其能生成自己用的库名。这里使用的库名为 YsliLbc-codec。

```
LOCAL_PATH := $(call my-dir)
include $(CLEAR_VARS)
LOCAL_MODULE := libYslilbc
codec_dir := iLBC_RFC3951
LOCAL_SRC_FILES := \
    $(codec_dir)/anaFilter.c \
    $(codec_dir)/constants.c \
    $(codec_dir)/createCB.c \
    $(codec_dir)/doCPLC.c \
    $(codec_dir)/enhancer.c \
    $(codec_dir)/filter.c \
    $(codec_dir)/FrameClassify.c \
    $(codec_dir)/gainquant.c \
    $(codec_dir)/getCBvec.c \
    $(codec_dir)/helpfun.c \
    $(codec_dir)/hpInput.c \
    $(codec_dir)/hpOutput.c \
    $(codec_dir)/iCBConstruct.c \
    $(codec_dir)/iCBSearch.c \
    $(codec_dir)/iLBC_decode.c \
    $(codec_dir)/iLBC_encode.c \
    $(codec_dir)/LPCdecode.c \
    $(codec_dir)/LPCencode.c \
    $(codec_dir)/lsf.c \
    $(codec_dir)/packing.c \
    $(codec_dir)/StateConstructW.c \
    $(codec_dir)/StateSearchW.c \
    $(codec_dir)/syntFilter.c
LOCAL_C_INCLUDES += $(common_C_INCLUDES)
LOCAL_PRELINK_MODULE := false
include $(BUILD_STATIC_LIBRARY)
```

```
# Build JNI wrapper
include $(CLEAR_VARS)
LOCAL_MODULE := libYslilbc-codec
LOCAL_C_INCLUDES += \
    $(JNI_H_INCLUDE) \
    $(codec_dir)
LOCAL_SRC_FILES := ilbc-codec.c
LOCAL_LDLIBS := -L$(SYSROOT)/usr/lib -llog
LOCAL_STATIC_LIBRARIES := libYslilbc
LOCAL_PRELINK_MODULE := false
include $(BUILD_SHARED_LIBRARY)
```

（3）分析 ilbc-codec.c 文件，根据此文件逆向设计 Java 中间类。

打开 jni 文件夹下的 ilbc-codec.c 文件，该文件里只有 5 个函数，负责音频编解码器的初始化，以及音频的编码和解码。其中的三个函数是与 Java 中的方法对应的。

```
    jint Java_com_googlecode_androidilbc_Codec_init(JNIEnv *env, jobject this, jint mode)
    jint Java_com_googlecode_androidilbc_Codec_encode( JNIEnv *env, jobject this, jbyteArray sampleArray, jint sampleOffset, jint sampleLength, jbyteArray dataArray, jint dataOffset)
    jint Java_com_googlecode_androidilbc_Codec_decode( JNIEnv *env, jobject this, jbyteArray dataArray, jint dataOffset, jint dataLength, jbyteArray sampleArray, jint sampleOffset)
```

根据这三个函数的名称就可以知道 Java 层代码调用的三个函数。下面对这三个函数进行改造。新建一个类 Ysl_Codec.java。该类包含三个 native 方法。这三个方法分别用于初始化、音频编码、音频解码。该类定义成单例模式，具体代码如下所示。

```
package com.ysl.audio;
public class Ysl_Codec {
    private static Ysl_Codec codec;
    public static Ysl_Codec instance(){
```

```
        if(codec==null) codec=new Ysl_Codec();
        return codec;
    }
    public native int init(int mode);
    //编码
    public native int encode(byte[] sample, int sampleOffset,
            int sampleLength, byte[] data, int dataOffset);
    //解码
    public native int decode(byte[] data, int dataOffset,
            int dataLength, byte[] sample, int sampleOffset);

    private Ysl_Codec() {
        System.loadLibrary("Yslilbc-codec");
    }
}
```

（4）使用 javah -jni 命令生成 JNI 中所需的*.h 头文件。

```
/* DO NOT EDIT THIS FILE - it is machine generated */
#include <jni.h>
/* Header for class com_ysl_audio_Ysl_Codec */

#ifndef _Included_com_ysl_audio_Ysl_Codec
#define _Included_com_ysl_audio_Ysl_Codec
#ifdef __cplusplus
extern "C" {
#endif
/*
 * Class:     com_ysl_audio_Ysl_Codec
 * Method:    init
 * Signature: (I)I
 */
JNIEXPORT jint JNICALL Java_com_ysl_audio_Ysl_1Codec_init
  (JNIEnv *, jobject, jint);

/*
 * Class:     com_ysl_audio_Ysl_Codec
 * Method:    encode
```

```
 * Signature: ([BII[BI)I
 */
JNIEXPORT jint JNICALL Java_com_ysl_audio_Ysl_1Codec_encode
  (JNIEnv *, jobject, jbyteArray, jint, jint, jbyteArray, jint);

/*
 * Class:     com_ysl_audio_Ysl_Codec
 * Method:    decode
 * Signature: ([BII[BI)I
 */
JNIEXPORT jint JNICALL Java_com_ysl_audio_Ysl_1Codec_decode
  (JNIEnv *, jobject, jbyteArray, jint, jint, jbyteArray, jint);

#ifdef __cplusplus
}
#endif
#endif
```

（5）打开 jni 下的 ilbc-codec.c 文件，把上述三个函数的名称分别用刚才生成的三个方法名替换，具体对应如下。

```
① Java_com_googlecode_androidilbc_Codec_init
```

改为：

```
Java_com_ysl_audio_Ysl_1Codec_init
② Java_com_googlecode_androidilbc_Codec_encode
```

改为：

```
Java_com_ysl_audio_Ysl_1Codec_encode
③ Java_com_googlecode_androidilbc_Codec_decode
```

改为：

```
Java_com_ysl_audio_Ysl_1Codec_decode
```

（6）编译.so 库。

下面编译生成.so 库，正如在上面 Android.mk 文件中写的，最终编译生成的库是 libYslilbc-codec.so，编译方法如下。

打开终端，定位到 jni 文件夹下，输入 ndk-build。

4.3　语音通信的实现

4.3.1　语音通信的基本流程

语音通信的基本流程如图 4-6 所示。

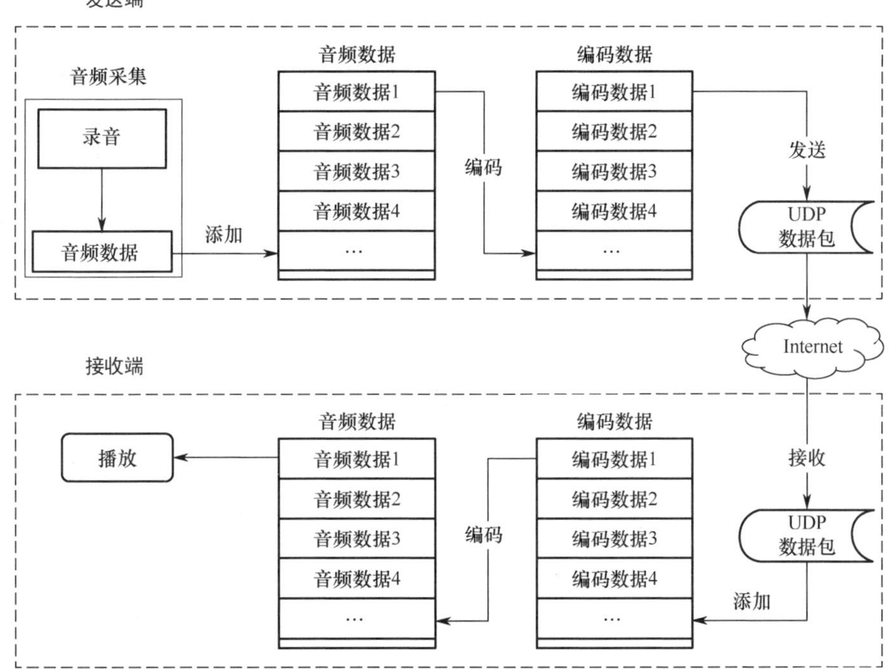

图 4-6　语音通信的基本流程

（1）发送端有三个主要的类：Ysl_AudioRecorder（负责音频采集）、Ysl_AudioEncoder（负责音频编码）、Ysl_AudioSender（负责将编码后的数据发送出去)。这三个类中各有一个线程，录制开始后，三个线程一起运行，分别执行各自的任务。Ysl_AudioRecorder 采集音频后，添加到 Ysl_AudioEncoder 的音频数据的队列中；Ysl_AudioEncoder 的编码线程不断地从队列头部取出数据，调用 ilbc 的底层函数进行编码；编码后的数据添加到 Ysl_AudioSender 的数据队列中，Ysl_AudioSender 不断地从头部取出数据，然后发送出去。

（2）使用 Android 系统自带的 AudioRecord 类来实现音频数据的采集，需要在 AndroidManifest.xml 文件中加上权限 android.permission.RECORD_AUDIO，使用 AudioRecord 时，一定要配置好一些音频参数，比如采样频率、采样格式等；采集方法是 AudioRecord 中的 read(samples, 0, bufferSize) 。

（3）Ysl_AudioEncoder 对数据编码一次后，交付给 Ysl_AudioSender 让其发送到服务器，发送数据采用 UDP。使用 UDP 发送主要是为了提供效率。

（4）接收端有三个主要的类： Ysl_AudioReceiver（负责接收 UDP 包）、Ysl_AudioDecoder（负责解码音频）、Ysl_AudioPlayer（负责音频播放），大致流程在图 4-6 中已经详细给出，这里不做说明了，不同的是发送方流程的逆序。与发送方类似，接收方也有三个线程。

（5）播放音频使用的是 Android 中的 AudioTrack 这个类，使用 write(byte[] data , int sampleOffset, int sampleLength)方法能够直接播放音频数据流。

4.3.2 语音通信的具体实现

1. 发送方实现

语音通信分为发送方和接收方。发送方有三个主要的类：Ysl_AudioRecorder、Ysl_AudioEncoder、Ysl_AudioSender。此外，还需要一个存放数据的类：Ysl_AudioData。

（1）Ysl_AudioData 类。

该类用于存放音频数据。它只有两个属性：size 和 realData。前者是 int 类型，表示数据大小；后者是字节数组，用于存放数据。

（2）Ysl_AudioRecorder 类。

该类通过一个线程不断地录音，即进行音频采集，送给编码器。采集音频主要使用 android.media.AudioRecord 类。该类的构造方法如下：

```
    public AudioRecord (int audioSource, int sampleRateInHz, int
channelConfig, int audioFormat, int bufferSizeInBytes)
```

其参数的含义如下。

- audioSource：音频源。若从麦克风采集音频，则此参数的值为 MIC。
- sampleRateInHz：音频的采样频率，表示每秒能够采样的次数，采样率越高，音质越高。
- channelConfig：声道设置，MONO 为单声道，STEREO 为立体声。
- audioFormat：编码制式和采样大小。
- bufferSizeInBytes：采集数据需要的缓冲区的大小。

由于 iLBC 编码需要以 480 字节为一个数据块，编码时数据的大小需要是 480 的整数倍，因此，通过除以 480 取余，将 480 整数倍数的数据添到 Ysl_AudioEncoder 类的音频数据的队列中，把剩余的数据缓存起来，和下一次拼接。此外，在编码前进行了回音处理。具体代码如下所示。

```
    package com.ysl.audio;
    import android.media.AudioFormat;
    import android.media.AudioRecord;
    import android.media.MediaRecorder;
```

```
import android.util.Log;
public class Ysl_AudioRecorder implements Runnable {
    String LOG = "YSL Recorder ";
    private boolean isRecording = false;
    private AudioRecord audioRecord;
    public static final int ILBC_30_MS_FRAME_SIZE_ENCODED = 480;
    private static final int audioSource = MediaRecorder.Audi
oSource.MIC;
    private static final int sampleRate = 8000;
    private static final int channelConfig = AudioFormat.CHAN
NEL_IN_MONO;
    private static final int audioFormat = AudioFormat.ENCODI
NG_PCM_16BIT;
    private int minBufferSize = 0;
    private String ip;
    byte[] recorderSamples;
    byte[] remainderAudioBuffer;
    byte[] tempSamples;
    public void setIp(String ip) {
        this.ip = ip;
    }
    public void startRecording() {
        minBufferSize = AudioRecord.getMinBufferSize(sampleRate,
    channelConfig,audioFormat);
        Log.e(LOG, "minBufferSize=" + minBufferSize);
        int truncated = minBufferSize % ILBC_30_MS_FRAME_SIZE_
    ENCODED;
        if (truncated != 0) {
            minBufferSize += ILBC_30_MS_FRAME_SIZE_ENCODED -
        truncated;
            Log.i(LOG, "Extending buffer to: " + minBufferSize);
        }
        recorderSamples = new byte[minBufferSize];
        remainderAudioBuffer = new byte[ILBC_30_MS_FRAME_SIZE_
    ENCODED];
        if (null == audioRecord) {
            audioRecord = new AudioRecord(audioSource, sample
        Rate,channelConfig, audioFormat, minBufferSize * 10);
```

```
    }
    new Thread(this).start();
}
 //该方法用于停止语音
public void stopRecording() {
    this.isRecording = false;
}
public void run() {
    Ysl_AudioEncoder encoder = Ysl_AudioEncoder.getInstance();
    encoder.startEncoding(ip);
    audioRecord.startRecording();
    this.isRecording = true;
    int bytesToEncode;
    int recorderSampleSize = 0;
    int remainderBufferSize = 0;
    int newRemainderBufferSize;
    while (true) {
        //Read from AudioRecord buffer.
        recorderSampleSize = audioRecord.read(recorderSamples, 0,
                minBufferSize);
        //Error checking:
        if (recorderSampleSize == AudioRecord.ERROR_INVALID_
    OPERATION) {
            Log.e(LOG, "read() returned AudioRecord.ERROR_
        INVALID_OPERATION");
        } else if (recorderSampleSize == AudioRecord.ERROR_
    BAD_VALUE) {
            Log.e(LOG, "read() returned AudioRecord.ERROR_
        BAD_VALUE");
        } else if (recorderSampleSize == AudioRecord.ERROR) {
            Log.e(LOG, "read() returned AudioRecord.ERROR");
        }
        //附加上次剩余部分
        bytesToEncode = recorderSampleSize + remainderBuff
    erSize;
        //计算新的剩余大小，确保每次都是 480
```

```
    newRemainderBufferSize = bytesToEncode % ILBC_30_MS_
FRAME_SIZE_ENCODED;
    bytesToEncode -= newRemainderBufferSize;
    if (!isRecording) {
        break;
    } else {
        tempSamples = new byte[bytesToEncode];
        if (remainderBufferSize > 0) {
            //把剩余的先移过来
            System.arraycopy(remainderAudioBuffer, 0,
        tempSamples, 0, remainderBufferSize);
        }
        //若新数据没有剩余，则完整地移过来
        if (newRemainderBufferSize == 0) {
            System.arraycopy(recorderSamples, 0, tempSamples,
            remainderBufferSize, recorderSampleSize);
            remainderBufferSize = 0;
        } else { //新数据有剩余
            Log.w(LOG, "Found a remainder: " + bytesTo
        Encode+ ", %480: " + newRemainderBufferSize);
            //Grab up to multiple of 480 from samples.
            int copyLength = recorderSampleSize - newer
        mainderBufferSize - remainder BufferSize; //剩余
        缓冲大小
            System.arraycopy(recorderSamples, 0, tempSamples,
        remainderBufferSize, copyLength);
            System.arraycopy(recorderSamples, copyLength,rem
        ainderAudioBuffer, 0, newRemainder BufferSize);
            remainderBufferSize = newRemainderBufferSize;
        }
    }
    calc1(tempSamples, 0, bytesToEncode);
    encoder.addData(tempSamples, bytesToEncode);
}
encoder.stopEncoding();
try {
    audioRecord.stop();
    audioRecord.release();
```

```
        } catch (Exception e) {
        }
    }
    //回音处理
    void calc1(byte[] lin, int off, int len) {
        int i, j;
        for (i = 0; i < len; i++) {
            j = lin[i + off];
            lin[i + off] = (byte) (j >> 2);
        }
    }
}
```

（3）Ysl_AudioEncoder 类。

该类主要用于数据编码。它通过一个线程不断地从数据队列中取数据，编码后添加到 Ysl_AudioSender 类的音频数据的队列中。具体代码如下所示。

```
package com.ysl.audio;
import java.util.Collections;
import java.util.LinkedList;
import java.util.List;
public class Ysl_AudioEncoder implements Runnable {
    String LOG = "YSL Encoder";
    private static Ysl_AudioEncoder encoder;
    private boolean isEncoding = false;
    private List<Ysl_AudioData> dataList = null;
    private String ip;
    public static Ysl_AudioEncoder getInstance() {
        if (encoder == null) {
            encoder = new Ysl_AudioEncoder();
        }
        return encoder;
    }
    private Ysl_AudioEncoder() {
        dataList = Collections.synchronizedList(new LinkedList
    <Ysl_AudioData>());
    }
```

```
    public void addData(byte[] data, int size) {
        Ysl_AudioData rawData = new Ysl_AudioData();
        rawData.setSize(size);
        byte[] tempData = new byte[size];
        System.arraycopy(data, 0, tempData, 0, size);
        rawData.setRealData(tempData);
        dataList.add(rawData);
    }
    public void startEncoding(String ip) {
        this.ip = ip;
        if (isEncoding) {
            return;
        }
        new Thread(this).start();
    }
    public void stopEncoding() {
        this.isEncoding = false;
    }
    public void run() {
        Ysl_AudioSender sender = new Ysl_AudioSender(ip);
        sender.startSending();
        int encodeSize = 0;
        byte[] encodedData = null;
        isEncoding = true;
        while (isEncoding) {
            if (dataList.size() == 0) {
                try {
                    Thread.sleep(20);
                } catch (InterruptedException e) {
                    e.printStackTrace();
                }
                continue;
            }
            if (isEncoding) {
                Ysl_AudioData rawData = dataList.remove(0);
                encodedData = new byte[rawData.getSize()];
```

```
                encodeSize = Codec.instance().encode(rawData.get
            RealData(), 0, rawData.getSize(), encodedData, 0);
                if (encodeSize > 0) {
                    sender.addData(encodedData, encodeSize);
                    encodedData = null;
                }
            }
        }
        sender.stopSending();
        Codec.instance().resetEncoder();
    }
}
```

（4）Ysl_AudioSender 类。

该类主要用于从要等待发送的数据队列中取编码后的数据，通过 UDP 将数据发送到对方。具体代码如下所示。

```
package com.ysl.audio;
import java.io.IOException;
import java.net.DatagramPacket;
import java.net.DatagramSocket;
import java.net.InetAddress;
import java.net.SocketException;
import java.net.UnknownHostException;
import java.util.Collections;
import java.util.LinkedList;
import java.util.List;
import com.ysl.znjj.Ysl_Constant;
public class Ysl_AudioSender implements Runnable {
    String LOG = "YSLAudioSender ";
    private boolean isSendering = false;
    private List<Ysl_AudioData> dataList;
    DatagramSocket socket;
    DatagramPacket dataPacket;
    private InetAddress ip;
    private int port;
```

```
    public Ysl_AudioSender(String ip) {
        dataList = Collections.synchronizedList(new LinkedList
    <Ysl_AudioData>());
        try {
            this.ip = InetAddress.getByName(ip);
            this.port = Ysl_Constant.CLIENT_PORT;
            this.socket = new DatagramSocket();
        } catch (UnknownHostException e) {
            e.printStackTrace();
        } catch (SocketException e) {
            e.printStackTrace();
        }
    }
    public void addData(byte[] data, int size) {
        Ysl_AudioData encodedData = new Ysl_AudioData();
        encodedData.setSize(size);
        byte[] tempData = new byte[size];
        System.arraycopy(data, 0, tempData, 0, size);
        encodedData.setRealData(tempData);
        dataList.add(encodedData);
    }
    private void sendData(byte[] data, int size) {
        try {
            dataPacket = new DatagramPacket(data, size, ip, port);
            dataPacket.setData(data);
            socket.send(dataPacket);
        } catch (IOException e) {
            e.printStackTrace();
        }
    }
    public void startSending() {
        new Thread(this).start();
    }

    public void stopSending() {
        this.isSendering = false;
        socket.close();
    }
```

```
    public void run() {
        this.isSendering = true;
        while (isSendering) {
            if (dataList.size() > 0) {
                Ysl_AudioData encodedData = dataList.remove(0);
                sendData(encodedData.getRealData(), encodedData.
            getSize());
            }
        }
    }
}
```

3. 接收方实现

接收方有三个主要的类：Ysl_AudioReceiver、Ysl_AudioDecoder、Ysl_AudioPlayer。此外，也需要一个存放数据的类：Ysl_AudioData。

（1）YSL_AudioReceiver 类。

YSL_AudioReceiver 类使用 UDP 方式从服务端接收音频数据，将接收到的数据发送给解码器，代码如下所示。

```
package com.ysl.audio;
import java.io.IOException;
import java.net.DatagramPacket;
import java.net.DatagramSocket;
import java.net.SocketException;
import com.ysl.znjj.Ysl_Constant;
import android.util.Log;
public class Ysl_AudioReceiver implements Runnable {
    String LOG = "YSL Receiver ";
    int port = Ysl_Constant.CLIENT_PORT;
    DatagramSocket socket;
    DatagramPacket packet;
    boolean isRunning = false;
    private byte[] packetBuf = new byte[8160];
    private int packetSize = 8160;
    public void startReceiving() {
```

```
        if (socket == null) {
            try {
                socket = new DatagramSocket(port);
                packet = new DatagramPacket(packetBuf, packetSize);
            } catch (SocketException e) {
            }
        }
        new Thread(this).start();
    }

    public void stopReceiving() {
        isRunning = false;
        release();
    }
    private void release() {
        if (packet != null) {
            packet = null;
        }
        if (socket != null) {
            socket.close();
            socket = null;
        }
    }
    public void run() {
        Ysl_AudioDecoder decoder = Ysl_AudioDecoder.getInstance();
        decoder.startDecoding();
        isRunning = true;
        try {
            while (isRunning) {
                socket.receive(packet);
                decoder.addData(packet.getData(), packet. getLen
          gth());
            }
        } catch (IOException e) {
            Log.e(LOG, LOG + "RECEIVE ERROR!");
        }
        decoder.stopDecoding();
```

```
    }
}
```

（2）YSL_AudioDecoder 类。

该类用于对音频数据进行解码，如果解码正确，则将解码后的数据再转交给播放器（YSL_AudioPlayer）去播放，代码如下所示。

```
package com.ysl.audio;
import java.util.Collections;
import java.util.LinkedList;
import java.util.List;
public class Ysl_AudioDecoder implements Runnable {
    String LOG = "YSL Decoder ";
    private static Ysl_AudioDecoder decoder;
    private final static int MAX_BUFFER_SIZE = 4800 * 10;
    private byte[] decodedData = new byte[MAX_BUFFER_SIZE];
    private boolean isDecoding = false;
    private List<Ysl_AudioData> dataList = null;
    public static Ysl_AudioDecoder getInstance() {
        if (decoder == null) {
            decoder = new Ysl_AudioDecoder();
        }
        return decoder;
    }
    private Ysl_AudioDecoder() {
        this.dataList = Collections.synchronizedList(new Linked
   List<Ysl_AudioData>());
    }
    public void addData(byte[] data, int size) {
        Ysl_AudioData adata = new Ysl_AudioData();
        adata.setSize(size);
        byte[] tempData = new byte[size];
        System.arraycopy(data, 0, tempData, 0, size);
        adata.setRealData(tempData);
        dataList.add(adata);
    }
    public void startDecoding() {
```

```
        if (isDecoding) {
            return;
        }
        new Thread(this).start();
    }
    public void run() {
        int samplesLength;
        Ysl_AudioPlayer player = Ysl_AudioPlayer.getInstance();
        player.startPlaying();
        this.isDecoding = true;
        while (isDecoding) {
            while (dataList.size() > 0) {
                Ysl_AudioData encodedData = dataList.remove(0);
                byte[] data = encodedData.getRealData();
                samplesLength = Codec.instance().decode(data, 0,
            data.length,decodedData);
                player.addData(decodedData, samplesLength);
            }
        }
        player.stopPlaying();
        Codec.instance().resetDecoder();
    }
    public void stopDecoding() {
        this.isDecoding = false;
    }
}
```

（3）YSL_AudioPlayer 类。

播放器的工作流程其实和解码器一模一样，都是先启动一个线程，然后不断地从自己的 dataList 中提取数据。不过要注意，播放器的一些参数配置非常关键；播放声音时使用了 Android 自带的 AudioTrack 类，该类的构造方法如下所示。

```
    public AudioTrack (int streamType, int sampleRateInHz, int
channelConfig, int audioFormat, int bufferSizeInBytes, int mode)
```

其参数的含义如下所示。

- streamType：指定数据流的类型。
- sampleRateInHz：音频数据的采样频率。
- channelConfig：声道设置，MONO 为单声道，STEREO 为立体声。
- audioFormat：编码制式和采样大小。
- bufferSizeInBytes：缓冲区的大小。
- mode：模式。

使用这个类可以很轻松地将音频数据在 Android 系统上播放出来。

利用它的 **public int** write(**byte**[] audioData,**int** offsetInBytes, **int** sizeInBytes)方法可以直接播放。

```
package com.ysl.audio;
import java.util.Collections;
import java.util.LinkedList;
import java.util.List;
import android.media.AudioFormat;
import android.media.AudioManager;
import android.media.AudioRecord;
import android.media.AudioTrack;
import android.util.Log;
public class Ysl_AudioPlayer implements Runnable {
    String LOG = "YSl AudioPlayer ";
    private float volume = 1.0f; //音量
    private static Ysl_AudioPlayer player;
    private List<Ysl_AudioData> dataList = null;
    private Ysl_AudioData playData;
    private boolean isPlaying = false;
    private AudioTrack audioTrack;
    private static final int sampleRate = 8000;
```

```
    private static final int channelConfig = AudioFormat. CHAN
NEL_IN_STEREO;
    private static final int audioFormat = AudioFormat. ENCOD
ING_PCM_16BIT;
    public float getVolume() {
        return volume;
    }
    public void setVolume(float volume) {
        this.volume = volume;
    }
    private Ysl_AudioPlayer() {
        dataList = Collections.synchronizedList(new LinkedList
    <Ysl_AudioData>());
    }
    public static Ysl_AudioPlayer getInstance() {
        if (player == null) {
            player = new Ysl_AudioPlayer();
        }
        return player;
    }
    public void addData(byte[] rawData, int size) {
        Ysl_AudioData decodedData = new Ysl_AudioData();
        decodedData.setSize(size);
        byte[] tempData = new byte[size];
        System.arraycopy(rawData, 0, tempData, 0, size);
        decodedData.setRealData(tempData);
        dataList.add(decodedData);
    }

    private boolean initAudioTrack() {
        int bufferSize = AudioRecord.getMinBufferSize(sampleRate,
                channelConfig, audioFormat);
        if (bufferSize < 0) {
            Log.e(LOG, LOG + "initialize error!");
            return false;
        }
        audioTrack = new AudioTrack(AudioManager.STREAM_MUSIC,
    sampleRate,channelConfig, audioFormat, bufferSize, AudioTrack.
```

```
MODE_STREAM);
        //set volume:
        audioTrack.setStereoVolume(volume, volume);
        audioTrack.play();
        return true;
    }
    private void playFromList() {
        while (dataList.size() > 0 && isPlaying) {
            playData = dataList.remove(0);
            audioTrack.write(playData.getRealData(), 0, playData.
getSize());
        }
    }
    public void startPlaying() {
        if (isPlaying) {
            return;
        }
        new Thread(this).start();
    }
    public void run() {
        this.isPlaying = true;
        if (!initAudioTrack()) {
            Log.e(LOG, LOG + "initialized player error!");
            return;
        }
        while (isPlaying) {
            if (dataList.size() > 0) {
                playFromList();
            } else {
                try {
                    Thread.sleep(20);
                } catch (InterruptedException e) {
                }
            }
        }
        if (this.audioTrack != null) {
            if (this.audioTrack.getPlayState() == AudioTrack.
PLAYSTATE_PLAYING) {
```

```
                this.audioTrack.stop();
                this.audioTrack.release();
            }
        }
    }
    public void stopPlaying() {
        this.isPlaying = false;
    }
}
```

第 5 章
Chapter 5

分包安装及跨包访问

分包安装既可以解决设备组件的动态更新问题，也便于将共同的功能分离出来，多个应用使用一个相同的功能可避免重复。本章将介绍分包安装及跨包访问的技术。

5.1 分包安装技术

5.1.1 分包安装的概述

随着用户数量的增长和移动设备硬件的升级，在 Android 移动终端上可实现的功能越来越多，各大电子市场的移动应用数量也在持续爆发性增长。新的应用程序为了追求更高的品质、更酷炫的效果或更好的用户体验，需要在程序中添加大量的图片及音视频资源，应用安装包也在持续地变大。分包安装，就是将原来集成在一个应用中的功能分离出来，将应用做成两个项目：一个是主项目，另一个是辅助项目，分别设计、打包和安装。运行时，主项目可以调用辅助项目的功能和资源，仿佛是一个应用。分包安装可以解决程序在小内存手机上的安装问题，提高安装速度。

智能家居移动终端的主程序一般相对比较稳定，设备组件经常需要更新。一方面，企业可以不断优化设备组件设计，更新原有设备组件或增加新的设备组件；另一方面，可以根据用户需要定制组件。如果每次更新组件，都需要用户重新下载和安装应用，则会给用户带来很大麻烦。为此，可以采用分包安装技术，即将主程序和设备组件做成两个应用，分别下载、安装，更新设备组件时，可通过主程序提供的功能进行更新。这样，既方便了设备组件更新，也提高了更新速度。同时，也可以解决在内存小的移动设备安装组件的问题。

5.1.2　分包安装的原理

分包安装要解决两个问题：一是如何判断是否已安装，若已安装，版本是否为最新；二是安装之后如何调用。解决这两个问题的关键是跨包读取信息。

Android 给每个 APK 进程分配一个单独的空间，manifest 中的 userId 就是对应一个分配的 Linux 用户 ID，并且为它创建一个沙箱，以防止影响其他应用程序（或者其他应用程序影响它）。用户 ID 在应用程序安装到设备中时被分配，并且在这个设备中保持它的永久性。通常，不同的 APK 会具有不同的 userId，因此运行时属于不同的进程中，而不同进程中的资源是不共享的，保障了程序运行的稳定。在有些时候，自己开发了多个 APK 且需要它们之间互相共享资源，那么就需要通过设置 sharedUserId 来实现这一目的。因为拥有同一个 userId 的多个 APK 可以配置成运行在同一个进程中，所以默认是可以互相访问任意数据，也可以配置成运行成不同的进程，同时可以访问其他 APK 的数据目录下的数据库和文件，就像访问本程序的数据一样。

例如，若将两个项目分别命名为 znjj 和 znjj_device，则两个项目生成的 APK 均需安装，客户端首先安装 znjj.apk，运行后再通过应用界面提高的功能，下载并安装 znjj_device.apk。两个项目的 AndroidManifest.xml 要配置相同的 sharedUserId 值。格式如下：

```
    <manifest  xmlns:android="http://schemas.android.com/apk/res/
android"
```

```
        package="ysl.znjj"
        android:sharedUserId="ysl.znjj"
        android:versionCode="1"
        android:versionName="1.0" >
         …
    />
    <manifest  xmlns:android="http://schemas.android.com/apk/res/
android"
        package="ysl.znjj_device"
        android:sharedUserId="ysl.znjj"
        android:versionCode="1"
        android:versionName="1.0" >
         …
    />
```

按上述方法配置后，在主项目中就可以按以下步骤获得与其相关的组件包。

（1）通过该项目的 Context 获得包管理器对象 pManager，再通过包管理器对象获得当前应用的包名。

（2）将上一步获得的包名作为参数，调用包管理器的 getPackageInfo()的方法获取包信息，并从包信息中获得 sharedUserId。

（3）调用包管理器的 getInstalledPackages()方法获得已安装的包，再从中找到具有相同 sharedUserId 的包。

```
    //获得与所有主项目相关的组件包，代码中用到 sharedUserId
    private  List<PackageInfo>  getPackageInfos(Context  context)
throws NameNotFoundException {
        List<PackageInfo> pkgInfos = ArrayList<PageageInfo>();
        PackageManager pkgManager = context.getApplicationContext().
   getPackageManager();
        String pkgName = context.getPackageName();
        String sharedUID = pkgManager.getPackageInfo(pkgName,0).sha
   redUserId;
```

```
    List<PackageInfo> pkgs = pkgManager.getInstalledPackages(0);
    for (PackageInfo pkg : pkgs) {
        //查找具有相同 sharedUserId 的包，并且排除自身
        if (sharedUID.equals(pkg.sharedUserId) && !pkgName.equals
(pkg.packageName)){
            pkgInfos.add(pkg);
        }
    }
    return pkgInfos;
}
```

5.1.3　分包安装的实现

如果要安装设备组件包，则首先要判断是否已安装，若没安装，则直接下载安装；如果已安装，则需检查是否为最新版本，若不是，则需重新下载安装（更新）。

1. 判断设备组件包是否已安装

```
/**
 * 功能：检查并获取指定的包的信息
 *
 * @param context
 * @param pkgName 指定的包名
 * @return 包信息
 */
public PackageInfo checkInstall(String pkgName) {
    PackageInfo pkgInfo = null;
    try {
        //获取手机内所有应用
        List<PackageInfo> pkgs = getPackageInfos(); //这里用到的
    方法将在下一节介绍
        for (PackageInfo pkg : pkgs) {
            if (pkgName.equals(pkg.packageName))
                pkgInfo = pkg;
                break;
            }
```

```
            }
        } catch (Exception e) {

        }
        return pkgInfo;
    }
```

checkInstall()方法有两个作用：一是检查指定的包是否已安装，二是获取包的信息。如果已安装则返回 PackageInfo，否则返回 null。

2．判断设备组件是否为最新版本

在 Android 中，应用程序的版本号是在 AndroidManifest.xml 文件中进行配置的，而 PackageInfo 类则封装了从该配置文件中获取的所有信息，描述了包内容的整体信息。因此，可以使用 PackageInfo 对象的 versionName 属性获取应用的版本号。通过前面介绍的 checkInstall()可获得 PackageInfo，进而可以获得版本号。但要想知道是否为最新版本，需要和服务器上可下载的版本进行对比。

在服务器端，和 apk 文件一起存放一个版本文件 version.txt，内容格式如下所示。

```
Version Code = 1
Version Name = 1.0
```

通过版本文件的地址，获取版本信息的方法如下所示。

```
/**
 * 功能：获取服务器中可下载的安装包的版本信息
 * @param versionHttpUrl 版本文件的地址
 * @return 版本信息 {versionCode,versionName}
 */
public String[] getVersionFromServer(String versionHttpUrl) {
    try {
        URL u = new URL(versionHttpUrl);
        HttpURLConnection c = (HttpURLConnection) u.openConnection();
```

```
        c.connect();
        InputStreamReader in = new InputStreamReader (c.getInput
    Stream());
        BufferedReader bin = new BufferedReader(in);
        String str1=bin.readLine();
        String str2=bin.readLine();
        conn.disconnect();
        bin.close();
        in.close();
        String versionCode=str1.substring(str1.indexOf("=")+1);
        String versionName=str2.substring(str1.indexOf("=")+1);
        String[] fields = news String[]{versionCode,versionName};
        return fields;
    } catch (Exception e) {
        return null;
    }
}
```

3. 下载设备组件

通过 apk 文件的地址及文件名下载设备组件的方法如下所示。

```
/**
 * 功能：下载设备组件
 * @param apkHttpUrl apk 的地址
 * @param filename 文件名
 * @return 下载后的 File
 */
public File downLoadFile(String apkHttpUrl, String filename) {
    try {
        String PATH = Environment.getExternalStorageDirectory()+
    "/download";
        File file = new File(PATH);
        if (!file.exists()) {
            file.mkdirs();
        }
        File outputFile = new File(file, filename);
        URL url = new URL(apkHttpUrl + "/" + filename);
```

```
            HttpURLConnection conn = (HttpURLConnection) url.open
        Connection();
            InputStream is = conn.getInputStream();
            FileOutputStream fos = new FileOutputStream(outputFile);
            byte[] buf = new byte[256];
            conn.connect();
            int count = 0;
            while ((count = is.read(buf)) > 0) {
                fos.write(buf, 0, count);
            }
            conn.disconnect();
            fos.close();
            is.close();
            return outputFile;
        } catch (Exception e) {
        }
        return null;
    }
```

4. 安装设备组件

安装设备组件的方法如下所示。

```
    /**
     * 功能：安装设备组件
     * @param context 上下文环境
     * @param apkname apk 文件命名
     */
    public void InstallAPK(Activity context, String apkname) {//代
码安装
        String fileName = Environment.getExternalStorageDirectory()+
    "/download/" + apkname;
        Intent intent = new Intent(Intent.ACTION_VIEW);
        intent.setDataAndType(Uri.parse("file://" + fileName),
    "application/vnd.android.package-archive");
        context.startActivityForResult(intent, 1);
    }
```

5.2 跨包访问技术

5.2.1 跨包访问的原理

利用 Context 的 createPackageContext()方法，可以创建另一个包的上下文，这个实例不同于它本身的 Context 实例，但功能是一样的。这个方法有两个参数：packageName（包名）、flags（标志位）。标志位有 CONTEXT_INCLUDE_CODE 和 CONTEXT_IGNORE_SECURITY 两个选项。CONTEXT_INCLUDE_CODE 的意思是包括代码，也就是说可以执行这个包里的代码，CONTEXT_IGNORE_SECURITY 的意思是忽略安全警告，如果不加这个标志，则有些功能是用不了的，会出现安全警告。利用以上特性，可以实现从其他 apk 包中获取资源或加载类。

加载类可以利用反射机制实现。通过调用 Context 对象的 getClassLoader()方法得到加载器，再调用加载器的 loadClass()方法即可加载类。若加载类，则需要知道类的名称。为此，随包携带两个配置文件：deviceset.xml 和 devicetype.xml，分别用以描述设备集和设备类型，存放在设备组件项目的 assets 目录中。设备集表示设备的大类，设备类型表示设备的小类。设备类型数据包含设备类型 ID、类型名称、所属设备集及 Java 类名称。

5.2.2 设备组件类型及其解析

1．设备组件类型建模

系统用 xml 文件描述设备组件类型，文件名为 devicetype.xml，存放在设备包的 assets 目录中。该文件描述每个设备组件类型的 ID、名称、所属设备集，以及设备组件的类名。同时，可以配置设备的初始化状态。其结构定义如下所示。

```
<?xml version="1.0" encoding="UTF-8"?>
    <xs:schema version="1.0"
          xmlns:xs="http://www.w3.org/2001/XMLSchema"
          elementFormDefault="qualified">
    <xs:element name="devicetype">
        <xs:sequence>
            <xs:element name="type" type="TypeNode" minOccurs="1"
        maxOccurs="unbounded">
                <xs:sequence>
                    <xs:element name="status" type="StatusNode"
                minOccurs="0" maxOccurs="unbounded"/>
                </xs:sequence>
            </xs:element>
        </xs:sequence>
    </xs:element>
    <xs:complexType name="TypeNode">
        <xs:attribute name="typeId" type="xs:string" use="req
    uired"/>
        <xs:attribute name="name" type="xs:string" use="required"/>
        <xs:attribute name="set" type="xs:string" use="required"/>
        <xs:attribute name="className" type="xs:string" use=
    "required"/>
    </xs:complexType>
    <xs:complexType name="StatusNode">
        <xs:attribute name="name" type="xs:string" use="required"/>
        <xs:attribute name="value" type="xs:string" use="requ
    ired"/>
    </xs:complexType>
</xs:schema>
```

2. 设备组件类型文件解析

在 Android 中，常见的 XML 解析器有 SAX 解析器、DOM 解析器和 PULL 解析器。SAX（Simple API for XML）解析器是一种基于事件的解析器，它的核心是事件处理模式，主要是围绕事件源及事件处理器来工作的。当事件源产生事件后，调用事件处理器相应的处理方法，一个事件就可以得到处理。在事件源调用事件处理器中特定方法时，还要传递给事件处理器相应事件的状态信息，这样事件处理器才能够根据提供的事件信息来决定自己的行为。SAX 解析器的优点是解析速度快、占用内存少，比较适合在 Android 移动设备中使用。但 SAX 解析器操作起来太笨重。DOM 是基于树状结构的节点或信息片段的集合，允许开发人员使用 DOM API 遍历 XML 树、检索所需数据。分析该结构通常需要先加载整个文档和构造树状结构，然后才可以检索和更新节点信息。由于 DOM 在内存中以树状结构存放，因此检索和更新效率会更高。但是对于特别大的文档，解析和加载整个文档会很耗资源。PULL 解析器的运行方式和 SAX 解析器类似，都是基于事件的模式。不同的是，在 PULL 解析过程中，需先自己获取产生的事件，然后做相应的操作，而不像 SAX 解析器那样由处理器触发一种事件的方法，执行自己的代码。PULL 解析器小巧轻便、解析速度快、简单易用，非常适合在 Android 移动设备中使用，Android 系统内部在解析各种 XML 时使用 PULL 解析器。

根据上述比较，在智能家居移动控制系统中，采用了 PULL 解析器。具体方法是：采用 PULL 解析器需利用工厂类 org.xmlpull.v1.XmlPullParserFactory 的 newPullParser()方法取得一个 XmlPullParse 实例，接着 XmlPullParser 实例就可以调用 getEventType()方法主动提取事件，并根据提取的事件类型（START_DOCUMENT、END_DOCUMENT、START_TAG、END_TAG、TEXT）进行相应的逻辑处理，处理后再调用 next()方法继续操作。解析后的数据为 Ysl_DeviceTypesData。Ysl_DeviceTypesData 的定义如下所示。

```
public class Ysl_DeviceTypesData implements Serializable {
    private Map<String, Ysl_DeviceTypeData> map = new HashMap
<String, Ysl_DeviceTypeData>();
    public Map<String, Ysl_DeviceTypeData> getMap() {
        return map;
```

```
    }
    public void setMap(Map<String, Ysl_DeviceTypeData> map) {
        this.map = map;
    }
    public Ysl_DeviceTypeData getType(String typeId) {
        return map.get(typeId);
    }
    public static class Ysl_DeviceTypeData implements Serializable {
        private String typeId;
        private String name;
        private String set;
        private String packageName;
        private String className;
        private Ysl_DeviceStatus initStatus=new Ysl_DeviceStatus();
        public Ysl_DeviceTypeData(String typeId, String name,
    String set,String packageName, String className) {
            super();
            this.typeId = typeId;
            this.name = name;
            this.set = set;
            this.packageName = packageName;
            this.className = className;
        }
        public String getTypeId() {
            return typeId;
        }
        public void setTypeId(String typeId) {
            this.typeId = typeId;
        }
        public String getName() {
            return name;
        }
        public void setName(String name) {
            this.name = name;
        }
        public String getSet() {
            return set;
```

```
        }
        public void setSet(String set) {
            this.set = set;
        }
        public String getPackageName() {
            return packageName;
        }
        public void setPackageName(String packageName) {
            this.packageName = packageName;
        }
        public String getClassName() {
            return className;
        }
        public void setClassName(String className) {
            this.className = className;
        }
        public Ysl_DeviceStatus getInitStatus() {
            return initStatus;
        }
        public void setInitStatus(Ysl_DeviceStatus initStatus) {
            this.initStatus = initStatus;
        }
    }
}
```

完成解析功能的类定义如下。

```
package com.ysl.manage;
import java.io.IOException;
import java.io.InputStream;
import java.util.HashMap;
import java.util.Map;
import org.xmlpull.v1.XmlPullParser;
import org.xmlpull.v1.XmlPullParserException;
import android.util.Log;
import android.util.Xml;
import com.ysl.data.Ysl_DeviceTypesData.Ysl_DeviceTypeData;
```

```
/**
 * 功能：XML 解析
 * @version 1.0 2018-6-17
 * @author Yang Shulin
 */
public class Ysl_XMLParse {
    private static final String _NAME_SPACE = "";
    /**
     * 功能：解析设备类型文件
     * @param packageName 类包名
     * @param ins 文件输入流
     * @return Map 存储的设备类型数据
     */
    public Map<String, Ysl_DeviceTypeData> parseDeviceTypeXML(
String packageName, InputStream ins) throws IOException, XmlPullPar
serException {
        XmlPullParser parser = Xml.newPullParser();
        parser.setInput(ins, "utf-8");
        Map<String, Ysl_DeviceTypeData> map = new HashMap<String,
    Ysl_DeviceTypeData>();
        Ysl_DeviceTypeData deviceTypeData = null;
        int event = parser.getEventType();
        while (event != XmlPullParser.END_DOCUMENT) {
            switch (event) {
            case XmlPullParser.START_TAG:
                if ("devicetype".equals(parser.getName())) {
                    Log.i("org.igeek.android-plugin",
                            "plugin.xml document start parse");
                } else if ("type".equals(parser.getName())) {
                    String typeId = parser.getAttributeValue(_NAME_
                SPACE, "typeId");
                    String name = parser.getAttributeValue(_NAME_
                SPACE, "name");
                    String set = parser.getAttributeValue(_NAME_
                SPACE, "set");
                    String className = parser.getAttributeValue(_NAME_
                SPACE, "className");
```

```
                    deviceTypeData = new Ysl_DeviceTypeData(typeId,
                name, set, packageName, className);
                    map.put(typeId, deviceTypeData);
                } else if ("status".equals(parser.getName())) {
                    String name = parser.getAttributeValue(_NAME_
                SPACE, "name");
                    String value = parser.getAttributeValue(_NAME_
                SPACE, "value");
                    deviceTypeData.getInitStatus().getData().put
                (name, value);
                }
                break;
            }
            event = parser.next();
        }
        ins.close();
        return map;
    }
    /**
     * 功能：解析设备集文件
     * @param ins 文件输入流
     * @return Map 存储的设备类型数据
     */
    public Map<String, String> parseDeviceSetXML(InputStream ins)
            throws IOException, XmlPullParserException {
        XmlPullParser parser = Xml.newPullParser();
        parser.setInput(ins, "utf-8");
        Map<String, String> map = new HashMap<String, String>();
        int event = parser.getEventType();
        while (event != XmlPullParser.END_DOCUMENT) {
            switch (event) {
            case XmlPullParser.START_TAG:
                if ("deviceset".equals(parser.getName())) {
                    Log.i("org.igeek.android-plugin",
                            "plugin.xml document start parse");
                } else if ("set".equals(parser.getName())) {
                    String id = parser.getAttributeValue(_NAME_SPACE,
```

```
                "id");
                    String name = parser.getAttributeValue(_NAME_
                SPACE, "name");
                    map.put(id, name);
                }
                break;
            }
            event = parser.next();
        }
        ins.close();
        return map;
    }
}
```

有了上述类后，就可以用以下方法获得设备组件类型。

```
    //获得设备类型
    private Ysl_DeviceTypesData getDeviceTypesData() throws Name
NotFoundException, IOException, XmlPullParserException {
        Ysl_DeviceTypesData deviceTypesData = new Ysl_DeviceTyp
    esData();
        List<PackageInfo> list = getPackageInfos(Ysl_Application.
    getContext());
        for (PackageInfo pki : list) {
            Context pluginContext = Ysl_Application.getContext()
                    .createPackageContext(
                            pki.packageName,
                            Context.CONTEXT_INCLUDE_CODE |
                            Context.CONTEXT_IGNORE_SECURITY);
            AssetManager am = pluginContext.getAssets();
            InputStream ins = am.open("devicetype.xml");
            Ysl_XMLParse parser = new Ysl_XMLParse();
            Map<String, Ysl_DeviceTypeData> map = parser.parse
        DeviceTypeXML(pki.packageName, ins);
            deviceTypesData.getMap().putAll(map);
```

```
    }
    return deviceTypesData;
}
```

5.2.3　跨包加载设备组件类

在主项目中，根据不同家庭中的智能家居的种类和数量，动态加载设置组件。

```
/**
 * 功能：创建设备界面对象
 * @param deviceData 设备数据
 * @return 设备界面对象
 */
public Object newUIDevice(Ysl_DeviceData deviceData) {
    Object uiDevice = null;
    try {
        Ysl_DeviceTypeData type = Ysl_Application.getInstance()
    .getManager().getHomeData().getDeviceTypesData().getType(d
    eviceData.getDeviceType());
        Context shareContext = Ysl_Application.getContext()
                .createPackageContext(
                        type.getPackageName(),
                        Context.CONTEXT_INCLUDE_CODE |
                        Context.CONTEXT_IGNORE_SECURITY);
        Class<?> cls = shareContext.getClassLoader().loadClass(
    type.getPackageName() + "." + type.getClassName());
        uiDevice = cls.getConstructor(Context.class, Map.class)
    .newInstance(shareContext, deviceData.getData());
        Ysl_DeviceStatus statusData = sceneMap.get (getDefault
    SceneMode()).get(deviceData.getDeviceId()); //根据当前的场景
    模式获得状态
        cls.getMethod("setDeviceStatus", Map.class).invoke(uiDevice,
    statusData.getData());//通过反射机制设置设备状态
```

```
        cls.getMethod("setCommand", Object.class).invoke(uiDevice,
    Ysl_ComCommand.instance());//通过反射机制设置通信指令对象
        return uiDevice;
    } catch (Exception e) {
        return null;
    }
}
```

参 考 文 献

[1] 向军，谢赞福. 基于嵌入式 Internet/Intranet 的智能家居系统模型及实现[J]. 计算机工程与设计，2005，26（9）：167-169.

[2] 邵鹏飞，王喆，张宝儒. 面向移动互联网的智能家居系统研究[J]. 计算机测量与控制，2012，20（2）：474-476,479.

[3] Alam M, Reaz M, Ali M. A Review of Smart Homes-past, Present and Futures[J]. IEEE Transactions on Systems, Man and Cybernetics: Systems, 2012,42(6): 12-16.

[4] 张秀玲. 监控系统研究现状与发展趋势[J]. 科技信息（学术研究），2008，36：341-343.

[5] 朱桑. 2012 年 H 公司智能家居营销计划书[D]. 广州华南理工大学，2012.

[6] 三星电子建成世界第一个“数字家庭”园区[EB/OL][2004-12-03]. http://news.mydrivers.com/1/29/2959.htm.

[7] Luoh L. ZigBee-based Intelligent Indoor Positioning System Soft Computing[J]. Soft Compution, 2014, 18(3): 443-456.

[8] 孙其博，刘杰，黎彝，等. 物联网：概念、架构与关键技术研究综述[J]. 北京邮电大学学报，2010，33（3）：1-9.

[9] Cook D J, Youngblood M, Heierman E O, et al. MavHome: an agent-based smart home[C]. Proceedings of the First IEEE International Conference on Pervasive Computing and Communications, 2003: 521-524.

[10] 美国 Control4 智能家居控制系统[EB/OL].[2008-11-03]. https://www.lh28.cn/news/list12/288.html.

[11] 新品速递：单户家庭享用的智能家居系统[EB/OL].[2009-12-26]. http://info.secu.hc360.com/2009/10/261105169480.shtml.

[12] 美国科玛智能家居[EB/OL].[2009-12-26]. http://apk.91.com/soft/Android/com/mosoft.cornucopia-54.html.

[13] 娄亚楠. 中国智能家居应用前景与挑战[J]. 中国公共安全，2013（21）：80-83.

[14] 智能家居设备市场进入融合演变阶段[EB/OL].[2019-01-02]. http://www.qianjia.com/html/2019-01/02_318382.html.

[15] 无线射频技术在智能家居的应用[EB/OL].[2015-08-26]. http://www.elecfans.com/tongxin/

rf/20150826381641.html.
[16] 分析移动 WiFi 技术的优点与缺点[EB/OL].[2014-08-22]. http://www.4gdh.net/news/list_63.htm.
[17] ZigBee 技术在波创智能家居中的应用[EB/OL].[2011-12-21]. http://www.gozs.cn/a/11150/.
[18] 蓝牙核心技术概述（一）：蓝牙概述[EB/OL].[2014-07-26]. http://blog.csdn.net/xubin341719/article/details/38145507.
[19] 第 44 次《中国互联网络发展状况统计报告》(全文)[R/OL]. [2019-08-30]. http://www.cac.gov.cn/2019-08/30/c_1124938750.htm.
[20] 荣蓉，吴文炤，佟大力，等. 浅析智能家居的移动应用发展方向[M]. 2012 电力行业信息化年会论文集，人民邮电出版社，2015：111-114.
[21] Android 自定义 view(二)如何实现自定义组[EB/OL].[2014-11-134]. http://blog.csdn.net/jjwwmlp456/article/details/41076699.
[22] Java 反射机制的原理及在 Android 下的简单应用[EB/OL].[2011-12-13]. http://407827531.iteye.com/blog/1308702.
[23] AsyncTask 和 Handler 的优缺点比较[EB/OL].[2013-01-09]. http://blog.csdn.net/onlyonecoder/article/details/8484200.
[24] Kumar S. Ubiquitous smart home system using Android application. International Journal of Computer Networks & Communications, 2014, 6(1): 33-43.
[25] Android 开发：组播（多播）与广播[EB/OL].[2013-12-20]. http://gqdy365.iteye.com/blog/1992584.
[26] Android ilbc 语音对话示范[EB/OL].[2012-07-25]. https://blog.csdn.net/ranxiedao/article/details/7783015.
[27] 杨行峻, 唐昆. 语音信号数字处理[M]. 北京：电子工业出版社，1995.
[28] Android Activity 中启动另一应用程序的方法，无须得到类名[EB/OL].[2011-08-02]. https:// www.iteye.com/blog/gundumw100-1138158.
[29] Android 中的 Xml 解析[EB/OL].[2019-06-20]. https://blog.csdn.net/sagedeceivefiend/article/details/93122729.
[30] 谢晓钢，蔡骏，陈奇川，等. 基于 Speex 语音引擎的 VoIP 系统设计与实现[J]. 计算机应用研究，2007（12）：320- 323.
[31] 李鲲鹏. 基于 Android 的即时通信平台研究与实现[D]. 华南理工大学，2013.
[32] 各种语音编码总结[EB/OL].[2015-04-28]. http://blog.csdn.net/nature_day/article/details/45331391.

[33] 郭廷廷，李敬. ILBC 编码算法及其在 VOIP 中的应用[J]. 电子技术应用, 2006（7）：119-121.

[34] 徐珂航，宋曦，吴红，等. 统一通信 Android 客户端语音消息的实现. 计算机与网络，2015（6）：59-62.

[35] Android 语音采集[EB/OL].[2012-06-18]. http://xiangqianppp-163-com.iteye.com/blog/1562818.

[36] Reto Meier. Professional Android 2 Application Development[M]. 北京：清华大学出版社，2010.

[37] Kumar S. Ubiquitous smart home system using Android application[J].International Journal of Computer Networks & Communications, 2014, 6(1): 33-43.

[38] 蒋峰. 家居智能安全远程无线监控系统的设计[J]. 计算机测量与控制，2012，20（9）：2435-2436.